CLINIQUE MÉDICALE DE St ANTOINE

LA LITHIASE BILIAIRE

PAR

A. CHAUFFARD

DEUXIÈME ÉDITION

MASSON & Cⁱᵉ EDITEURS. PARIS

LA
LITHIASE BILIAIRE

LA

LITHIASE BILIAIRE

PAR

A. CHAUFFARD

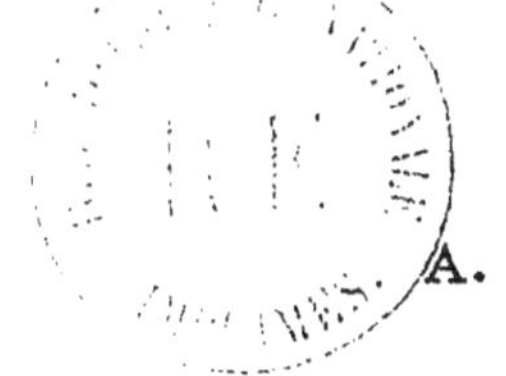

Avec 26 planches hors texte

DEUXIÈME ÉDITION

MASSON ET Cie, EDITEURS
LIBRAIRES DE L'ACADÉMIE DE MÉDECINE
120, BOULEVARD SAINT-GERMAIN — PARIS
1922

PRÉFACE

DE LA SECONDE ÉDITION

En publiant la seconde édition de cet ouvrage sur la Lithiase biliaire, je tiens à dire que si le mode d'exposition a été modifié, et, pour devenir plus général, n'affecte plus la forme de Leçons, l'esprit du livre est cependant resté le même.

Je me suis efforcé de faire œuvre d'observation personnelle, d'expérience clinique, d'exposition claire et pratique. Le texte a été partout revisé et complété d'après les travaux récents. Un chapitre a été consacré à l'étude si importante du radio-diagnostic de la lithiase biliaire. Sept planches nouvelles ont été ajoutées.

Je serais heureux que cette seconde édition trouvât auprès du public médical le même accueil favorable que la première, et je tiens à remercier MM. Masson et Cie du concours obligeant et dévoué qu'ils m'ont apporté pour la publication de ce volume.

JANVIER 1922.

LA LITHIASE BILIAIRE

CHAPITRE I

PATHOGÉNIE CLINIQUE
DE LA LITHIASE BILIAIRE

Parmi les maladies de l'appareil *hépato-biliaire* aucune n'est plus commune que *la lithiase*, aucune n'est plus variée dans ses apparences cliniques, plus fertile en complication, aucune n'est plus importante à savoir reconnaître et traiter, soit que l'on s'en tienne aux méthodes médicales, soit qu'il faille recourir à l'intervention opératoire.

Son étude s'est singulièrement enrichie depuis vingt ans, et les chirurgiens nous ont apporté les plus instructives constatations, en même temps que les méthodes de laboratoire venaient donner à la pathogénie de la lithiase une base vraiment scientifique.

L'heure est donc favorable pour reprendre l'étude d'ensemble de la cholélithiase, non au point de vue didactique et intégral où se place un enseignement de pathologie interne, mais sous ses aspects si variés de clinique générale et thérapeutique, en essayant de préciser tout ce que le médecin *doit savoir* pour examiner et traiter convenablement un malade atteint de lithiase biliaire.

La première question, dans cet ordre d'idées, qui s'offre à nous, vise la *pathogénie de la lithiase biliaire.*

C'est qu'en effet, la pathogénie est, au point de vue purement logique, le meilleur chemin et le plus direct pour arriver à la connaissance d'une maladie. Mais, dans la réalité historique des choses, la notion pathogénique n'est jamais une conquête initiale, et nous n'arrivons à elle que par une longue suite de recherches cliniques, anatomopathologiques, expérimentales.

Peut-être aujourd'hui pouvons-nous considérer comme acquises les bases scientifiques sur lesquelles doit s'appuyer la pathogénie de la lithiase biliaire.

Pour arriver à connaître et comprendre la pathogénie d'une maladie, deux méthodes principales s'offrent à nous.

L'une, purement clinique, est aussi vieille que la médecine : elle observe et recueille les faits, les compare et les classe, recherche les points de ressemblance et de différenciation, et, suivant l'expression de M. Bouchard, « rattache les choses présentes aux choses anciennes ». Les *lois de concordance* qu'elle s'efforce d'établir sont à la base de la médecine pratique.

Ce que l'on peut reprocher à cette méthode d'observation clinique et d'enregistrement des faits, c'est qu'elle est ou paraît être un peu empirique, c'est qu'elle ne voit les choses que du dehors, et n'apporte pas à l'esprit médical une satisfaction complète.

Aussi, de nos jours, l'enquête a-t-elle tendu à se faire plus pénétrante, et elle a demandé à l'expérimentation et aux sciences de laboratoire un complément nécessaire d'information. Ainsi s'est ajoutée à la *pathogénie clinique* la *pathogénie de laboratoire.*

Ce serait, du reste, une grande erreur que de vouloir opposer l'une à l'autre les deux méthodes; nous devons les considérer comme des *associées* et non comme des rivales, et ne jamais oublier que, en cas de conflit apparent, la clinique reste toujours le centre de stabilité et d'équilibre autour duquel doivent graviter toutes les recherches expérimentales.

La pathogénie de la lithiase biliaire a passé par les deux phases que nous venons d'indiquer, et nous aurons à tenir compte successivement de cette double enquête.

Commençons la *pathogénie clinique* en nous appuyant, pour cette étude, sur une statistique personnelle récente, portant sur 161 cas de cholélithiase enregistrés au fur et à mesure de leur rencontre clinique.

Peut-être semblera-t-il que cette statistique ne diffère guère d'autres documents analogues déjà publiés, et cela est vrai. Mais cette concordance même a sa valeur, et, de plus, à recueillir et étudier des faits, on peut toujours espérer saisir entre eux un rapport nouveau, ou apporter sur quelque point de détail une plus grande décision.

Prenons donc cette série de 161 cholélithiasiques, et voyons ce que va nous apprendre le dépouillement méthodique des faits.

Age. — La première question que nous allons examiner est celle de l'âge de la première crise.

A quel âge entre-t-on dans les accidents cholélithiasiques?

Signalons tout de suite une cause d'erreur, c'est que

l'âge *clinique* n'est pas l'âge *pathogénique*, c'est-à-dire que quand un malade réalise sa première colique hépatique, il a commencé sa lithiase longtemps avant et à une époque dont nous ne pouvons préciser la date. Ce qui le prouve bien, c'est que nous voyons fréquemment un malade sans antécédents apparents de lithiase biliaire être pris de cholécystite aiguë et parfois suppurée ; on l'opère et on trouve un calcul ancien qui existait dans sa vésicule depuis un temps vraisemblablement très long. Il est donc évident que le début clinique retarde de très longtemps sur le début pathogénique et c'est une règle générale que les débuts apparents des maladies, et surtout des maladies chroniques, retardent toujours sur leur début réel.

AGE DE LA PREMIÈRE CRISE.

De 10 à 15 ans	2
— 15 à 20 —	3
— 20 à 25 —	8
— 25 à 30 —	6
— 30 à 35 ans	17
— 35 à 40 —	10
— 40 à 45 —	12
— 45 à 50 —	11
— 50 à 55 —	10
— 55 à 60 —	5
— 60 à 65 —	3
— 65 à 70 —	2
— 70 à 75 —	1
Cas où l'âge n'a pu être noté	71

On voit, par ce relevé, que deux fois la lithiase a débuté chez des enfants, et huit fois chez des adultes encore très jeunes, ayant de 25 à 30 ans, puis brusquement le pourcentage monte, si bien que si nous voulons obtenir l'âge moyen, nous voyons que dans les deux tiers des cas l'échéance de la première crise est comprise entre 3o et 55 ans.

Exceptionnellement, on a constaté l'origine *congénitale* de la cholélithiase, et Wendel[1] cite le cas d'un enfant mort à 11 jours, dont la vésicule contenait 9o petits calculs de cholestérine. Still a relaté 1o cas observés chez des enfants de moins de un mois.

Si, maintenant, nous cherchons à dissocier un peu plus ces premières données, si nous voulons avoir l'âge moyen de la première crise *chez l'homme* et *chez la femme*, nous constatons que chez l'homme elle est un peu plus tardive : 42 ans 1/2 pour l'homme, et 37 ans pour la femme. Ce n'est pas une bien grande différence, mais c'en est une, et nous verrons bientôt comment on peut l'expliquer.

Sexe. — Les deux sexes ne se comportent pas tout à fait de même, nous venons de le voir, au point de vue de l'âge de début des crises ; c'est là une première différence évolutive à signaler entre la cholélithiase de l'homme et celle de la femme, mais elle est bien peu de chose à côté de la différence principale qui est la *différence numérique.*

Dans une thèse récente, mon ancien interne, M. Flandin[2], a recueilli une série de statistiques et il en a tiré une moyenne, qui est de 64 pour 1oo de lithiasiques chez la femme et de 36 pour 1oo chez l'homme. Ma moyenne est un peu plus forte, 47 hommes pour 114 femmes, c'est-à-dire 71 pour 1oo chez la femme et 29 pour 1oo chez l'homme.

Il y a donc un écart considérable dans la fréquence de

1. WENDEL. *Med. Ricord*, N. Y., 1898, p. 41.
2. C. FLANDIN. Pathogénie de la lithiase biliaire. *Thèse de Paris*, 1912.

la cholélithiase entre les deux sexes et cet écart est si gros qu'il ne peut s'expliquer que par des différences physiologiques profondes.

La grossesse et la puerpéralité. — Quelles peuvent être ces différences? Nous pouvons *a priori*, en tenant compte de la comparaison biologique des deux sexes, en concevoir de deux ordres : nous pouvons dire que la femme est plus lithiasique que l'homme parce que sa vie est différente; elle est plus sédentaire, moins active musculairement, c'est vrai, mais il faut reconnaître que l'écart est trop grand pour relever d'un déterminisme qui paraît aussi banal. On est donc arrivé à se demander si, en réalité, cette affinité si dissemblable des deux sexes pour la cholélithiase n'est pas d'*ordre génital*, étant donné que la génitalité masculine et la génitalité féminine sont choses fort différentes.

La génitalité masculine est extériorisée, tout entière extra-organique, abstraction faite du rôle des sécrétions internes, tandis que la génitalité feminine est endo-organique, par le fait même de la grossesse. La femme qui devient mère se trouve dans des conditions biologiques tout à fait particulières et d'une grande complexité au point de vue chimique.

M. Bar et ses collaborateurs l'ont bien montré par leurs recherches sur la chimie de la femme enceinte, sur le rôle des réserves organiques pendant la grossesse, sur les rapports de la nutrition maternelle et fœtale, sur la toxémie si facile des gravidiques. N'est-ce pas dans ces conditions biologiques si spéciales de la femme enceinte qu'il faut chercher la cause et l'explication de cette fréquence de la cholélithiase chez la femme?

La réponse des faits est évidente. Il y a déjà longtemps que les cliniciens ont montré la fréquence toute particulière des accidents cholélithiasiques chez la femme enceinte.

En 1882 Huchard, en 1883 Cyr ont insisté sur les relations de la cholélithiase et de la grossesse. Dieulafoy a consacré au même sujet une de ses cliniques et on peut dire que, sur ce point si important de pathogénie clinique, l'accord des observateurs est unanime.

Ma statistique confirme pleinement cette loi générale.

Sur 114 femmes cholélithiasiques, les crises se sont montrées 59 fois à l'occasion de la grossesse (cas que nous appellerons d'origine gravidique) soit 51,75 pour 100; et 24 fois après l'accouchement, soit 25,05 pour 100.

Le détail des faits achèverait, s'il en était besoin, la démonstration, en montrant le rapport intime des crises avec les grossesses successives, avec les accouchements. On comprend l'importance clinique de cette notion, puisque plus d'une fois un médecin mal averti a pu prendre pour un début de péritonite puerpérale ce qui n'était qu'une colique hépatique.

Il n'est donc pas douteux qu'un très grand nombre de crises cholélithiasiques chez la femme surviennent à l'occasion de la grossesse et de l'accouchement; quant à la ménopause, elle ne m'a paru agir que dans peu de cas, 6 fois, soit 5,26 pour 100. Je ne lui crois donc pas une grande influence et, sur ce point, je me sépare de M. Bouloumié qui croit à l'influence très fréquente de la ménopause. Mais n'oublions pas qu'il est possible qu'il y ait là une simple superposition d'échéance, et que l'âge intervienne par lui-même autant que par la ménopause.

Tous les auteurs sont d'accord sur l'influence gravidique,

et Kehr nous montre que, chez les femmes vierges, la lithiase biliaire est relativement rare. Sur 196 cas de sa statistique, 21 seulement concernent des vierges, tandis que 83 pour 100 des femmes opérées avaient eu des grossesses.

Voilà donc une cause très évidente de prédominance de la lithiase chez les femmes; on comprend ainsi pourquoi il y a cette tendance à une échéance plus précoce de la crise hépatique chez la femme que chez l'homme, la gravidité étant l'apanage de la femme jeune.

Hérédité. — Enfin la notion de la prédominance féminine de la lithiase biliaire doit, je crois, intervenir dans un autre des aspects pathogéniques, dans la question de l'*hérédité*.

Quand une maladie est-elle héréditaire? Le cas le plus évident, bien qu'à l'heure actuelle on ne l'appelle plus hérédité, c'est la transmission intra-utérine d'une infection maternelle, par exemple de la syphilis, par contamination placentaire. Ici, le cas est tout différent, et l'hérédité ne peut être qu'une transmission de terrain, d'aptitudes nutritives ou réactionnelles, de phénomènes biochimiques souvent très difficiles à différencier, qui font que chacun de nous apporte et conserve sa *personnalité humorale*. Cette notion est bien vague tant qu'elle ne s'individualise pas dans des formules physiologiques ou chimiques. Ne la prenons donc que pour ce qu'elle vaut, et revenons aux constatations de faits, qui, elles, ne prêtent pas à l'hypothèse.

Sur mes 161 cas, l'hérédité manque dans 105, c'est-à-dire dans 65 pour 100 des cas, ce qui est déjà un gros déficit. Il est vrai qu'elle existe dans 34 pour 100 et nous pouvons dire qu'il y a au moins un tiers de lithiasiques dans les antécédents desquels on peut trouver la même maladie.

Mais si nous voulons aller un peu plus loin, nous établirons une distinction qui n'a guère été faite jusqu'à présent : nous pouvons nous demander dans quelle proportion hommes et femmes paraissent relever de l'hérédité; autrement dit, nous pouvons chercher l'hérédité de la lithiase dans la *lignée masculine* et dans la *lignée féminine*. Voyons ce que nous donnent les faits :

Lignée masculine, c'est-à-dire lithiasiques ayant dans leurs antécédents grand-père ou père lithiasique :

Grand-père. . . . . 1 cas. } 23 pour 100
Père. . . . . 12 cas. }

Lignée féminine :

Grand'mère. . . . . 5 cas. } 51 pour 100
Mère . . . . 24 cas. }

par conséquent, à première vue, d'après ces faits, il y a beaucoup plus de cas héréditaires dans le sens féminin que dans le sens masculin.

Hérédité double : dans 4 cas, antécédents paternels et maternels, soit 7 pour 100.

Hérédité collatérale : 10 cas, soit 18 pour 100.

Comment comprendre cela? Il n'y a pas, physiologiquement, de raison valable pour que la cholélithiase se transmette moins dans la ligne paternelle que dans la ligne maternelle, et cela nous amène à penser que l'hérédité intervient un peu moins qu'on ne le croit, et qu'elle n'est peut-être pas tout dans les cholélithiases qui évoluent chez la mère et ensuite chez la fille. Nous aurons bientôt l'explication de cette prédominance féminine si marquée de la cholélithiase, avec son masque d'hérédité, et c'est l'étude de la *cholestérinémie* chez la gravidique et la parturiente qui nous la donnera.

Il suit de là que les cas de lithiase observés *chez l'homme* se prêtent mieux que ceux observés chez la femme à l'étude du déterminisme clinique, l'origine génitale n'intervenant pas comme cause d'erreur. Dans une autre série de faits, j'ai donc relevé 83 cas de *lithiase masculine*, et voici quelques-uns des enseignements que l'on peut en retirer.

Tout d'abord, sur les 83 cas, 25 fois une *hérédité directe* a été constatée, 12 fois dans la lignée maternelle et 13 fois dans la lignée paternelle, soit un pourcentage total de 30 pour 100, très analogue au pourcentage de 34 pour 100 donné par la statistique précédente. On peut donc dire, en somme, que dans environ un tiers des cas la lithiase biliaire se produit chez des sujets prédisposés par une hérédité similaire.

Le second fait très évident que met en lumière ma statistique de lithiases maculines, c'est la grande fréquence chez ces sujets des *états artério-scléreux et hypertensifs*, 22 cas sur 83, soit un pourcentage de 26,5 pour 100.

En fait, c'est très souvent vers la soixantaine que la cholélithiase apparaît cliniquement chez l'homme, très tardive par conséquent, et évoluant à l'époque des échéances artério-scléreuses et néphro-scléreuses.

Ces faits, peu connus chez nous, n'ont pas échappé à l'observation des cliniciens anglais et ont été bien étudiés par H. D. Rolleston[1]. Il signale combien la cholélithiase est fréquente chez les artério-scléreux et les néphroscléreux, tandis qu'elle est beaucoup plus rare au cours des néphrites

---

1. Humphry Davy Rolleston. Diseases of the liver, gall bladder, and biliar ducts. *Londres*, 1912, p. 718.

chroniques avec gros rein blanc. Mosher, au Johns Hopkins Hospital, sur 115 cas de cholélithiase, trouve 50 cas, soit 45 pour 100, d'artério-sclérose.

Moore, à Saint-George Hospital, sur 357 cas de néphrites chroniques diverses, relève 59 cas de calculs biliaires, soit 16,5 pour 100, dont 261 cas de reins granuleux donnent 56 cholélithiases, soit 21,4 pour 100, tandis que 49 gros reins blancs n'en donnent que 2, soit 4 pour 100. C'est surtout chez la femme qu'ont été relevées ces coïncidences de la néphrosclérose et de la cholélithiase.

Ces associations morbides trouvent leur explication physiologique dans un fait d'ordre chimique sur lequel nous aurons à revenir, l'*hypercholestérinémie* des néphrites chroniques, dont, avec Guy Laroche et Grigaut, nous avons donné la première démonstration. Comme conséquence de cette hypercholestérinémie, la bile des brightiques contient un excès de cholestérine, le double du chiffre normal d'après H. Baldwin.

C'est par des considérations du même ordre que nous comprenons mieux aujourd'hui les affinités morbides, ou, pour mieux dire, les *concordances cliniques* de la cholélithiase, qui l'associent par exemple à la goutte, à la gravelle, au diabète, à la polysarcie, comme j'ai pu le constater chez un certain nombre de mes malades. Nous n'en sommes plus à la conception vague et théorique de Bouchard sur la nutrition retardante, et nous sentons qu'une explication plus précise doit être donnée de ces faits dont la réalité clinique est indiscutable. Cette explication, les recherches récentes sur la cholestérinémie que nous avons poursuivies avec Guy Laroche et Grigaut paraissent l'apporter et nous avons montré que ces maladies, qui apparaissent et évoluent en liaison avec la cholélithiase, sont des maladies à *hypercholestérinémie*. Nous reviendrons sur ces faits, contentons-nous pour le moment de dire que l'hypercholestérinémie que, avec Brodin et Grigaut, nous avons fait connaître chez les graveleux, nous explique la fréquence de ce que j'ai appelé les *bilithiases*, à la fois urinaires et biliaires, et dont l'observation clinique nous offre de nombreux exemples. Souvent à cette double lithiase s'en ajoute une troisième, la lithiase intestinale. Rien de plus fréquent chez les lithiasiques biliaires que le sable intestinal, et souvent il est pris par les malades pour du sable biliaire, dont le différencient son aspect gris cendré aussi bien que les résultats de l'analyse chimique, à laquelle, en cas de doute, on devra toujours recourir. Nous ne savons rien encore du taux de la cholestérine sérique au cours de l'entérite sableuse.

Cette coexistence fréquente des trois lithiases du foie, du rein et de l'intestin peut donner lieu chez le même sujet, et par crises alternantes ou dissociées, à des réactions douloureuses dont l'interprétation clinique est souvent très malaisée. Nous aurons à revenir sur ces faits.

Dans des séries différentes au point de vue clinique, on a signalé[1] la fréquence de la cholélithiase au cours de la splanchnoptose de Glénard, par coudure du cystique ou compression par le rein droit abaissé ; de même, parmi les cardiopathies valvulaires, le retrécissement mitral semble jouer un rôle particulier, et d'après Brockbank il existait 19 fois des calculs biliaires sur 87 cas de sténose mitrale,

1. KEITH. *Lancest*, 1903, p. 639.

proportion deux fois plus élevée que dans les autres lésions valvulaires[1].

Infection. — Reste une dernière question très importante, qui a été extrêmement discutée dans ces quinze dernières années : c'est *le rapport de la lithiase biliaire et de l'infection*, question capitale, car, à un moment donné, l'infection a pris dans la pathogénie de la cholélithiase une place si prépondérante qu'on n'a plus voulu voir qu'elle, et beaucoup de médecins et chirurgiens en sont encore là ; l'origine infectieuse de la lithiase biliaire est pour eux une espèce de dogme. Je crois, pour ma part, et j'ai toujours cru qu'il faut beaucoup rabattre de ces interprétations trop exclusives.

Déjà, en 1897, j'avais fait et publié une première enquête, tendant à préciser les rapports numériques d'association de la fièvre typhoïde et de la cholélithiase. Sur 86 malades cholélithiasiques, 63 n'avaient dans leurs antécédents aucune fièvre typhoïde ; 5 l'avaient eue, mais ils étaient des lithiasiques avant d'avoir été des typhiques ; 18 enfin avaient eu leur lithiase après leur fièvre typhoïde et dans des délais très variables.

Une seule de ces observations paraissait plaider en faveur du rôle lithogène de la fièvre typhoïde. Il s'agissait d'une femme âgée de 22 ans qui avait eu en 1892 une fièvre typhoïde : elle entre en convalescence au bout de trois mois, et 15 jours après elle présente une crise de colique hépatique. En 1896, 4 ans plus tard, accidents d'infection biliaire, de cholécystite ; la malade est opérée par

1. H. D. ROLLESTON. *Loc. cit.*, p. 717.

M. Quénu; on trouve dans la vésicule six calculs volumineux et une bile purulente, chargée de bacilles d'Eberth.

Ainsi donc, j'ai trouvé que mes lithiasiques étaient d'anciens typhiques dans la proportion de 20,9 pour 100. Cela paraît un gros chiffre, mais n'oublions pas que la fièvre typhoïde est extrêmement commune, et que si nous voulons apprécier la valeur pathogène de la fièvre typhoïde, il faut qu'à côté nous prenions un lot de malades quelconques et que nous voyions ce qu'il donne. C'est ce que j'ai fait.

J'ai pris 86 malades sans sélection, au fur et à mesure de leur entrée à l'hôpital et j'ai cherché quel était leur pourcentage de fièvre typhoïde antécédente : il était de 17,4 pour 100, si bien qu'entre le pourcentage des cholélithiasiques et celui des malades quelconques, il y a un écart relativement assez faible de 3,5 pour 100.

Voilà les conclusions auxquelles j'étais arrivé il y a 15 ans. Aujourd'hui, voici le résultat de ma nouvelle enquête :

Antécédents de fièvre typhoïde : 25 sur 161 cas, c'est-à-dire 19,25 pour 100. Il est curieux de constater qu'à 15 ans de distance je retombe sur un pourcentage aussi peu différent : 20,9 pour 100 — 19,25 pour 100.

Pouvons-nous prendre ces chiffres en bloc et en tirer une conclusion ? A coup sûr, il y a des distinctions à faire quand on prend les faits en eux-mêmes et quand on constate que la fièvre typhoïde a eu lieu 5, 10, 15 ou 20 ans auparavant : la confrontation de la date des deux maladies permet de révoquer en doute l'origine typhique possible.

Cependant, il ne faudrait rien exagérer; il est certain qu'il y a des observations dans lesquelles la fièvre typhoïde semble précéder — je ne dis pas causer — mais précéder

nosologiquement et cliniquement l'échéance de la cholélithiase. J'en ai cité un, en voici d'autres :

Une femme atteinte de fièvre typhoïde à 40 ans, en
janvier, commence en mars une crise de coliques hépatiques.

Un homme de 3o ans eut sa première crise deux ans
après la fièvre typhoïde. Dans mes autres cas les délais
sont plus lointains.

Ainsi parfois la fièvre typhoïde précède d'assez peu la
première crise lithiasique pour qu'on puisse supposer entre
les deux états pathologiques un rapport de cause à effet.
Mais, dans d'autres cas, l'action de l'infection éberthienne
paraît très différente, et celle-ci vient aggraver et compliquer d'accidents aigus une cholélithiase préexistante.

— Deux faits : 1° Une femme de 57 ans a sa première
crise à 18 ans, au moment de sa première grossesse ; une
deuxième crise à 20 ans, au moment de sa deuxième grossesse. A 22 ans, elle fait une fièvre typhoïde grave et,
pendant la convalescence, elle a cinq grandes crises
de colique hépatique. Plus tard elle rend des calculs
biliaires par l'intestin, elle infecte son cholédoque, on doit
l'opérer.

Nous ne dirons pas que la fièvre typhoïde lui a donné
sa lithiase, c'est la génitalité qui en est la cause, mais
la fièvre typhoïde a eu, semble-t-il, une influence aggra-
vante et elle a provoqué des crises hépatiques qui
ne s'étaient produites jusque-là qu'à l'occasion de la grossesse.

2° Une femme atteinte depuis deux ans de gastralgie,
de crampes d'estomac qui correspondent à des accès frustes
de lithiase biliaire, est prise à 47 ans d'une fièvre typhoïde

grave. Un an après, elle présente une grosse crise de coliques hépatiques, la première; des accidents de cholécystite
aiguë obligent à l'opérer. On trouve dans sa vésicule un
seul calcul, gros comme un œuf de pigeon, très ancien à
coup sûr, antérieur à sa fièvre typhoïde, et qui correspond
à ce qu'Aschoff appelle le *calcul de stase*.

Donc l'action pathogène de la fièvre typhoïde ne doit
pas être admise *en bloc*, et nous devrons, en reconstituant
l'histoire de chaque malade, séparer les cas où l'infection
eberthienne a peut-être été cause de cholélithiase de ceux
où elle n'a réalisé qu'un apport de gravité ou une échéance
d'accidents aigus.

Pouvons-nous, des données numériques qui précèdent,
tirer quelques conclusions générales? Assurément, et en
ce qui concerne les conditions d'âge et de sexe, ces conclusions n'ont rien que de conforme à ce qui est généralement
admis.

Sur quelques points, par contre, les interprétations que
je propose me sont plus personnelles.

Je crois, d'accord en cela avec tous les cliniciens, que la
gravidité et l'état puerpéral sont les causes majeures de la
cholélithiase féminine, mais pour des raisons biologiques
très spéciales, insoupçonnées jusqu'à ces derniers temps,
et sur lesquelles avec Guy Laroche et Grigaut j'ai à plusieurs reprises insisté : je veux parler de l'*hypercholestérinémie gravidique*, dont nous avons démontré l'existence,
le taux, et le cycle évolutif. C'est dans ce sens que je me
suis cru autorisé à dire que « l'*hypercholestérinémie d'ori-
nine génitale* (par le fait de la double intervention des
capsules surrénales et du corps jaune) *est à la base*

de la pathogénie de la cholélithiase chez la femme ».

Il est du reste probable qu'il faut également compter, au cours de la grossesse, avec un excès de pigments dans la bile, imputable, comme l'a montré M. Bar[1], à la destruction globulaire intense provoquée par les besoins en fer de l'organisme fœtal.

Cette influence sexuelle est peut-être le plus grand fait de la pathogénie clinique de la cholélithiase; c'est elle qui explique la prédominance si considérable de la maladie chez la femme, elle aussi qui, souvent, en impose pour l'hérédité. Non pas que je veuille nier celle-ci, ce serait aller contre la réalité des faits, et les statistiques que j'ai relatées, en particulier sur la lithiase masculine en donnent les preuves. Mais ces cas sont rares en comparaison de ceux, innombrables, où mère et fille sont lithiasiques. Pour ceux-ci, il reste difficile de faire le départ de ce qui revient respectivement à la *génitalité féminine* et à l'*hérédité*.

Enfin, le rôle pathogène de la fièvre typhoïde n'apparaît que beaucoup plus rarement qu'on ne l'a dit; il reste à l'état d'exception, il comporte des distinctions nécessaires suivant que l'infection éberthienne aggrave seulement une cholélithiase préexistante, ou paraît amener la production première des calculs biliaires.

Même dans ce dernier cas, nous verrons qu'il faut tenir compte de causes très complexes, au premier rang desquelles doit, je crois, se placer l'*hypercholestérinémie* qui survient chez les typhiques au moment de la défervescence.

Sur tous ces points nous devrons revenir, et nous ver-

1. P. Bar. Leçons de Pathologie obstétricale, *Paris*, 1907. Deuxième fascicule, p. 507.

rons que l'orientation nouvelle des recherches n'a rien renversé des données traditionnelles de la médecine d'observation ; en faisant une part très large à la lithiase biliaire aseptique et d'origine humorale, une part plus restreinte au rôle pathogène de l'infection, la clinique et le laboratoire se trouveront, une fois de plus, en parfait accord.

C'est ce que nous aurons à démontrer, en tenant compte d'une série de travaux récents, dont les uns sont dus à Aschoff et Bacmeister, tandis que d'autres proviennent des recherches que, avec Guy Laroche et A. Grigaut, nous poursuivons depuis plusieurs années.

CHAPITRE II

PATHOGÉNIE DE LA LITHIASE BILIAIRE
ROLE DE L'INFECTION

Sur le terrain de la pathogénie clinique nous avons trouvé des faits très nets, objectifs, et dont la valeur ne saurait être contestée. Mais il faut bien dire que ce ne sont là que de simples constatations de coïncidence, des lois de concordance qui ne portent pas en elles-mêmes leur explication. Elles ne constituent pas une *pathogénie*; celle-ci, c'est dans d'autres directions qu'il faut la chercher, et depuis longtemps c'est à la chimie qu'on demande l'explication du déterminisme de la lithiase biliaire. C'est du reste là un problème qui présente encore bien des points obscurs; nous essaierons de voir si aux données classiques ne doivent pas s'ajouter aujourd'hui quelques notions nouvelles pouvant se rattacher aux constatations préalables que la clinique nous avait apportées.

Remarquons tout d'abord qu'en matière de lithiase, si l'on envisage non seulement le foie mais l'ensemble de nos appareils glandulaires, deux groupes de faits doivent être distingués. Pour certaines glandes telles que le pancréas, les glandes salivaires et intestinales, les concrétions lithiasiques sont d'ordre banal, non différenciées, simples mélanges de sels de chaux, et qui ne conservent aucune empreinte de la fonction spécifique de l'organe où elles se sont formées.

Au contraire, le rein, l'appareil biliaire deviennent le siège de *calculs spécifiques* ayant une individualité chimique qui décèle leur origine, et présentant comme le reflet de la sécrétion propre de la glande génératrice.

C'est que dans les deux cas les sécrétions glandulaires sont elles-mêmes de nature très différente : glandes à diastases pour le pancréas, les glandes salivaires ou intestinales, et pour lesquelles la spécificité de sécrétion est due bien plus aux ferments sécrétés qu'à la nature des éléments dissous dans le liquide de sécrétion.

Au contraire, le foie et le rein sont avant tout des *organes d'élimination*, définis dans leur rôle fonctionnel par les éléments chimiques multiples qui se trouvent à l'état de solution dans le liquide sécrété.

On comprend dès lors que, à la base de la pathogénie des lithiases urinaire et biliaire, se trouve la notion de *précipitation*, d'agglomérat cristallin ou amorphe des éléments contenus normalement dans la bile ou dans l'urine.

Toute la question pathogénique revient donc à rechercher les conditions de cette précipitation *in situ*, à en préciser le déterminisme.

Pour la lithiase biliaire, la seule dont nous ayons à nous occuper, le problème est d'autant plus délicat à résoudre que la bile est un liquide de composition très complexe, contenant à la fois de la cholestérine, des pigments, des sels biliaires, de la chaux, et enfin, des matières organiques à l'état colloïdal dont la très grande importance a été récemment démontrée.

Nous verrons plus tard quels enseignements comporte l'étude objective des calculs biliaires et comment dans leur composition s'associent les principes constituants de la bile.

Si l'on examine au microscope polarisant de la bile provenant d'un chien ou d'un opéré à fistule biliaire, on trouve dans la bile provenant de la vésicule ou des canaux biliaires des gouttelettes bi-réfringentes et qui présentent les réactions histo-chimiques des éthers de la cholestérine, parfois aussi de la cholestérine à l'état libre ou même en tablettes cristallines. C'est cette même cholestérine que nous retrouverons comme un des principaux éléments constituants des calculs biliaires, à l'état cristallin ou en masses amorphes.

Si cette cholestérine, élément normal de la bile, s'est ainsi concrétée dans les voies biliaires, c'est d'abord et le plus souvent, par suite d'un *défaut de solubilisation*, et nous savons depuis longtemps que les sels biliaires, les savons, les graisses sont les éléments qui, par leur présence, maintiennent dissoute la cholestérine. Celle-ci n'est soluble qu'en milieu alcalin et à la faveur des savons de potasse et de soude et des sels biliaires à bases alcalines. Dans la bile normale comme pour toute solution, il y a un état d'équilibre et ajoutons qu'en matière de cholestérine il s'agit plutôt d'une *émulsion* que d'une véritable solution.

A ces notions classiques ajoutons le rôle de la stase biliaire favorisée chez la femme par le port des anciens corsets et aussi par la distension abdominale de la grossesse.

Mais notons que tout cela ne tient guère compte ni du

taux de la cholestérine dans la bile, ni de la cause du trouble humoral qui en favorise la précipitation.

C'est ici qu'interviennent les recherches célèbres que Naunyn a poursuivies et exposées de 1891 à 1905. L'influence des travaux de Naunyn a été et reste encore considérable. Par le rôle capital attribué à *l'infection* elle ouvrait à la pathogénie de la cholélithiase des voies nouvelles. Une grande part de vérité se trouvait assurément dans les idées de Naunyn; cependant sur bien des points des réserves aujourd'hui doivent être faites.

Naunyn pose en principe que la cholestérine de la bile a un taux constant et représente 2 pour 100 des matières dissoutes, qu'elle est indépendante de l'alimentation, subordonnée en partie à la stase biliaire. Mais le rôle principal dans le déterminisme de la lithiase doit être attribué à l'inflammation catarrhale et *lithogène* de la muqueuse vésiculaire. La cholestérine précipitée trouverait son origine dans l'épithélium desquammé de la vésicule, et se cristalliserait autour d'un noyau primitif formé de pigments et de débris épithéliaux.

La doctrine de Naunyn arrivait à l'heure où l'avènement de la bactériologie transformait toutes nos conceptions médicales. Ce qu'on en a surtout retenu, ce qui a passé au premier rang, ce qui reste encore un dogme pour la plupart des médecins, c'est *l'origine infectieuse* de la lithiase biliaire. Les travaux en France de Dupré, de Létienne, de Gilbert et Fournier, de Hartmann, de Lippmann confirmaient les idées de Naunyn et montraient l'existence fréquente dans les calculs biliaires de colibacilles, de bacilles d'Eberth et plus récemment de microbes anaérobies.

De ces derniers, je dirai seulement que leur rôle paraît

bien contestable : MM. Gilbert et Lippmann ont écrit une zone d'anaérobiose constante dans la vésicule; mais cette constance même des germes anaérobies, si elle est admise, me semble leur retirer toute importance pathogénique et, d'autre part, les expériences récentes d'Abrami[1] faites avec une rigoureuse asepsie, ne confirment pas les faits observés par Gilbert et Lippmann.

Restent les colibacilles et surtout le bacille d'Eberth.

En fait, l'existence de ces microbes jusque dans le centre des calculs biliaires est chose fréquente, mais non constante. Elle manque souvent, et dans les faits observés par Fournier elle n'existait que 23 fois sur 70. Depuis, toutes les statistiques ont montré la stérilité possible et relativement fréquente des calculs biliaires.

De par les faits, et indépendamment de toute théorie, on ne peut donc admettre l'origine infectieuse que de *certains cas* de lithiase biliaire et non de *la lithiase biliaire*.

Mais de plus, l'interprétation de ces faits telle qu'elle est généralement admise soulève de graves objections. Constater des colibacilles dans des calculs biliaires n'est pas prouver qu'ils en soient la cause. Il faudrait démontrer l'antériorité de la colibacillose. Voici deux expériences qui sont bien faites pour nous inspirer sur ce point quelques doutes.

La première a été publiée en 1896 par MM. Gilbert et Fournier. Ces auteurs prennent un calcul de cholestérine non recouvert d'une coque pigmentaire (et nous verrons plus tard que de tels calculs sont des calculs aseptiques), le calcul est placé dans un tube de bouillon et stérilisé par chauffage à 75 degrés une heure par jour pendant trois

---

1. P. ABRAMI. Les ictères infectieux d'origine septicémique et l'infection descendante des voies biliaires. *Thèse de Paris*, 1910.

semaines. Au bout de ce temps, il est mis à l'étuve à 33 degrés pendant quinze jours dans une culture colibacillaire et l'on constate au bout de ce temps que le centre du calcul contient des colibacilles. Ainsi se trouve démontrée la pénétration secondaire de l'agent infectieux jusqu'au centre du *calcul préformé*, et il paraît très possible que dans une vésicule lithiasique et infectée les choses puissent se passer de même. En tout cas, rien dans les constatations bactériologiques faites chez l'homme ne permet d'affirmer l'antériorité de l'infection biliaire sur la lithiase.

Peu après[1], je faisais de mon côté une expérience analogue, mais dirigée pour ainsi dire en sens inverse. Un calcul du volume d'un gros pois était soigneusement lavé, désinfecté en surface puis mis dans un tube de bouillon stérile et à l'étuve. Ce n'est que le troisième jour que les colibacilles apparurent dans le milieu de culture et on sait avec quelle rapidité cultive le colibacille. Dans cette expérience le microbe n'avait pas pénétré comme dans la précédente le calcul biliaire de la périphérie vers le centre, mais du centre, au contraire, il était venu infecter le milieu de culture.

Les deux expériences se complètent donc et démontrent la migration possible des agents infectieux à travers la substance même des calculs biliaires.

Deux interprétations des mêmes faits sont donc possibles suivant que l'on admet que l'infection biliaire est primitive et détermine le cholélithe ou que, au contraire, le calcul se développe d'une façon autonome dans le milieu

---

1. A. Chauffard. Valeur clinique de l'infection comme cause de lithiase biliaire. *Revue de Médecine*, 10 février 1897, p. 81.

biliaire et atteste simplement par ses caractères bactériologiques l'état aseptique ou infecté de la bile dans laquelle il a pris naissance.

En science, tout fait qui comporte deux interprétations possibles commande les plus grandes réserves jusqu'au jour où de nouvelles preuves expérimentales tranchent le différend. Jusqu'à ce jour, l'objection que j'ai formulée en 1897, de l'infection secondaire possible des calculs biliaires n'a reçu des partisans exclusifs de la doctrine infectieuse aucune réponse. Elle conserve donc sa valeur et doit nous rendre très prudents dans nos conclusions pathogéniques.

De plus, la doctrine de l'infection telle qu'elle a été formulée à ses débuts et telle qu'on la retrouve encore aujourd'hui dans la plupart de nos livres classiques ne tient compte que du milieu biliaire et néglige ce fait récemment démontré que, au cours d'une série d'états infectieux et notamment de la fièvre typhoïde, se produisent des réactions sériques, des modifications de la teneur du sang en cholestérine, éléments dont nous verrons toute l'importance et que l'on ne peut plus considérer comme négligeables dans la pathogénie de la cholélithiase.

Le problème pathogénique est donc beaucoup plus complexe qu'on ne l'avait supposé, et il se réduit mal à des formules trop simples.

Enfin, récemment, s'est ajoutée la notion nouvelle de l'importance capitale, dans toutes les opérations de la chimie vivante, des *milieux colloïdaux*. Notre organisme nous apparaît de plus en plus comme un milieu constamment variable d'équilibre colloïdal, et même les simples solutions salines obéissent à des lois que la théorie récente des ions a transformées.

Tous ces derniers faits ont été récemment étudiés par Porges et Neubauer, par Schade, par mon élève Flandin[1] dans sa Thèse inaugurale. D'après Flandin, le substratum mucino-colloïdal du milieu biliaire donne pour ainsi dire le *bâti* du calcul. Il forme, pourrait-on dire, comme le réseau de soutien d'un ciment armé autour duquel se déposent et se concrètent les éléments constitutifs de la bile et cela surtout pour les calculs infectés pigmentaires.

Pour les calculs de stase, formés uniquement de cholestérine radiaire, il en va autrement. Ayoma[2] a montré qu'il n'existait dans les calculs de ce genre aucune trace de fibrine, les matières albuminoïdes n'y prenant qu'une place très secondaire et par un simple processus d'adsorption. Peu d'albumine dans les calculs de cholestérine pure, et même absence complète dans le centre de cristallisation. Au contraire, comme l'a montré récemment Aschoff[3], alors que dans un calcul mixte le centre cholestérinique est presque dépourvu d'albumine, les couches périphériques, d'origine inflammatoire, en contiennent une notable proportion. Seuls, du reste, les calculs de cholestérine radiaire sont rigoureusement indépendants de toute cause infectieuse; les calculs stratifiés contiennent toujours un peu de chaux et de pigment, témoins d'un processus inflammatoire atténué.

On voit combien il est nécessaire de distinguer les différents types de calculs biliaires; toute pathogénie exclusive, et qui prétendrait comprendre dans une même formule les

1. CH. FLANDIN. Pathogénie de la lithiase biliaire. *Thèse de Paris*, 1912.

2. AOYAMA. *Zieglers Beïtrage*. Bd 57, 1913.

3. L. ASCHOFF. Wie entstehn die reinen Cholesterinsteine. *Münchener Medizin. Woch.*, 12 août 1911, p. 1753.

multiples variétés du processus lithogène, ne pourrait qu'être illusoire, et peu en rapport avec tout ce que nous ont appris les recherches modernes par l'expérimentation aussi bien que par les méthodes chimiques ou histologiques.

Les recherches directes faites sur la bile vésiculaire prélevée aseptiquement au cours des interventions chirurgicales donnent également des résultats peu favorables au rôle lithogène de l'infection. D'après Debrez[1] les cristaux de cholestérine existent dans la bile vésiculaire des *cas aseptiques*, ils font défaut lorsque l'infection s'est établie dans la vésicule, et reparaissent après l'extinction de l'infection. Le bacille d'Eberth paraît faire exception à cette règle, et la cholestérine cristallisée peut exister dans une bile vésiculaire infectée par le bacille typhique. Mais n'oublions pas que la fièvre typhoïde à son déclin s'accompagne d'hypercholestérinémie, et c'est là probablement l'explication de ce cas particulier.

Si donc le rôle de l'infection que Naunyn a eu le grand mérite de mettre en lumière n'est pas douteux, s'il se justifie à la fois et par des concordances cliniques et par des constatations bactériologiques, il n'en faut pas moins admettre qu'il est beaucoup plus complexe qu'on ne l'avait cru tout d'abord et qu'il s'associe à des modifications chimiques portant à la fois sur le milieu biliaire et sur le sérum, et qui sont loin de nous être encore toutes connues.

Ces réserves sont d'autant plus légitimes que l'infection Eberthienne des voies biliaires paraît constante chez le typhique, tandis que l'apparition de la cholélithiase peu de

---

1. L. Debrez. Le traitement et la pathogénie de la lithiase biliaire. *Bulletin de l'Académie Royale de Médecine de Belgique*, 1913.

temps après la fièvre typhoïde est un fait relativement rare.

Quant à l'autre proposition de Naunyn de la non-action du régime alimentaire sur le taux de la cholestérine biliaire, elle paraît aujourd'hui difficilement admissible. Naunyn procédait par des injections sous-cutanées de cholestérine, méthode défectueuse en ce sens que la cholestérine introduite sous les téguments se résorbe d'une façon tardive ou incomplète et reste en partie sur place.

Si, au contraire, on administre la cholestérine par voie digestive, si, comme l'a fait Goodman, on donne à un chien à fistule biliaire une alimentation riche en cervelles, on voit que la quantité de cholestérine éliminée par la bile sécrétée augmente notablement. Les recherches de Pribram sur le lapin, aussi bien que celles de Gardner sur le chien et sur le chat, ont conduit à des constatations analogues.

D'autre part, Grigaut et Lhuillier ont montré en 1912, par des expériences faites sur le chien, que l'adjonction à un régime alimentaire constant de 1 gramme de cholestérine par jour fait monter le taux de la cholestérinémie de 1 gr. 50 à 2 gr. 50 ou 3 grammes ; que, dès que l'apport alimentaire de cholestérine est supprimé, la courbe de la cholestérinémie redescend à son taux antérieur.

Ainsi, que l'on envisage la bile ou le sérum sanguin, il ne paraît pas contestable que l'apport alimentaire ne joue son rôle dans le taux de la cholestérine biliaire ou sérique.

Sur ce point, comme sur bien d'autres, l'observation clinique avait devancé les constatations de la pathologie expérimentale et nous connaissons de longue date le rôle nocif des graisses, des cervelles, des œufs, chez les cholélithiasiques.

Un fait dont j'ai été témoin a la valeur d'une véritable expérience. Une jeune fille sans antécédents biliaires, mais amaigrie et anémiée, présente au sommet de son poumon droit quelques signes qui font craindre un début de tuberculose pulmonaire. Elle est mise à un régime de suralimentation par les œufs et en consomme 11 par jour, pendant plus de trois mois, c'est-à-dire une dose quotidienne, rien que pour ces 11 œufs, de 2 gr. 75 environ de cholestérine. Elle prend ainsi *1 034 jaunes d'œufs* de suite. A ce moment, éclate une violente crise de colique hépatique et depuis lors de nombreuses crises ont évolué.

Tout ceci nous montre combien peu à peu nous nous sommes éloignés des idées de Naunyn, soit dans la manière dont nous comprenons aujourd'hui le rôle de l'infection, soit dans l'importance que nous ne pouvons plus refuser au régime alimentaire. Les travaux de Naunyn ont eu une importance capitale ; ils ont été les initiateurs d'une longue suite de recherches, ils contenaient une part incontestable de vérité. Mais ils n'apportaient pas toute la vérité, et quel est le travail scientifique qui pourrait se flatter de le faire ? Et de plus, l'excès même de leur succès leur a peut-être nui. La doctrine de l'infection a paru résumer toute la pathogénie de la cholélithiase alors que cependant elle ne donnait que des explications partielles et d'interprétation contestable.

Comment oublier que l'infection laisse de côté toute une série de cas cliniques de lithiase. qu'elle n'explique ni la lithiase des gravidiques, ni celle des obèses, des suralimentés, des sédentaires, des foies déformés par le corset, ni les associations si fréquentes des lithiases biliaires et rénales ? En somme, cliniquement, le plus grand nombre des cas de cholélithiase semble échapper à la pathogénie infectieuse. C'est dans cet esprit que j'ai pu dire, en 1897, que « l'origine infectieuse de la lithiase biliaire est une interprétation un peu hypothétique de constatations bactériologiques très probantes ».

Toute la série des recherches modernes éloigne de la théorie *exclusive* de l'infection, et c'est ainsi que Schade en 1910, Riedel en 1912, admettent la fréquence de la lithiase dans des vésicules aseptiques, avec bile claire, non infectée, et calcul cholestérinique radiaire souvent unique, se ralliant ainsi aux idées que je crois très justes de Aschoff et Bacmeister.

Il existe donc certainement d'autres éléments dont notre pathogénie doit tenir compte. Longtemps l'idée de diathèse apportait à l'esprit les ressources d'une notion un peu vague; « l'état diathésique, disait Dieulafoy, domine la pathogénie de la lithiase biliaire ». Le mot est imprécis et paraît démodé, l'idée reste vraie et, pour la rendre admissible aujourd'hui, il suffirait d'en modifier l'énoncé et de substituer à la diathèse la notion de *l'état humoral*.

Nous verrons que cet état humoral relève d'un processus chimique très complexe dans lequel nous pouvons essayer de définir un élément nouveau, l'*hypercholestérinémie*.

Pour la lithiase non infectée, la cholestérine joue le même rôle que l'acide urique et l'oxalate de chaux pour les lithiases urinaires aseptiques. Dès qu'intervient l'infection biliaire le cholélithe se modifie, il évolue dans le sens pigmentaire et calcique, trouvant son analogue dans les calculs phosphatiques des lithiases urinaires infectées.

Nous aurons donc à reprendre cette grande question de la pathogénie de la lithiase biliaire dans un sens plus moderne, à tenir compte de données chimiques nouvelles, à nous demander dans quelles limites les modifications du taux de la cholestérine dans le sang et dans la bile doivent intervenir.

Disons enfin qu'au groupe des lithiases par infection il faut ajouter des faits assez rares, les *lithiases vermineuses*, par ascarides surtout, et les *lithiases hydatiques*, décrites par Dévé[1] et observées quand un kyste hydatique communique avec les vésicules ou avec les voies biliaires intra-hépatiques, avec formation de calculs pigmentaires contenant, à leur centre, des débris réfringents de cuticule feuilletée.

1. F. DÉVÉ. Kystes hydatiques du foie et lithiase biliaire. *Soc. de Biol.*, 3 mai 1919.

CHAPITRE III

PATHOGÉNIE DE LA LITHIASE BILIAIRE
ROLE DE L'HYPERCHOLESTÉRINÉMIE

Malgré le rôle capital qui revient à la cholestérine dans la composition chimique des calculs biliaires, nous connaissons encore assez mal son mode d'action dans la pathogénie du processus lithogène.

En fait, jusqu'à ces derniers temps, et avant la série des recherches que j'ai poursuivies avec Guy Laroche et A. Grigaut, on tenait pour admises, et sans nouveaux contrôles, les doctrines de Austin Flint et de Naunyn. Or, les unes et les autres sont inexactes.

Dans ses travaux mémorables de 1862, Austin Flint avait cru pouvoir établir un véritable cycle de la cholestérine dans l'organisme. Il admettait, d'après ses dosages, qu'il y a toujours plus de cholestérine dans le sang veineux que dans le sang artériel ; plus dans la veine jugulaire que dans la carotide ; plus dans la veine fémorale que dans l'artère fémorale ; moins dans la veine sus-hépatique que dans la veine porte. Il aboutissait à cette conception que la cholestérine était due en grande partie à une désassimilation des éléments, normalement riches en cholestérine, c'est-à-dire du tissu nerveux ; que cette cholestérine d'origine nerveuse était prise par le courant veineux, portée dans le foie, passait par la bile et s'éliminait dans l'intestin. C'étaient là des données toutes nouvelles et du plus haut intérêt.

Mais une telle synthèse était prématurée et avait pour point de départ des méthodes chimiques insuffisantes et peu exactes. Les faits avancés par A. Flint étaient entachés d'erreur, ainsi que l'ont montré les recherches récentes et rigoureuses poursuivies sur le cheval par mes deux collaborateurs Guy Laroche et A. Grigaut[1] : que les dosages portent sur le sang artériel ou sur le sang veineux, sur le sang des veines sus-hépatiques ou de veine porte, la teneur en cholestérine reste sensiblement constante. On ne peut donc plus admettre les idées de A. Flint, et le tissu nerveux me semble bien plus un *centre de fixation* pour la cholestérine circulante, surtout pendant la période de développement de l'axe cérébro-spinal, qu'un foyer d'origine et de mise en liberté.

Nous ne pouvons pas davantage admettre, avec Naunyn, que le régime alimentaire est sans action sur le taux de la cholestérine. En effet, les dosages précis de Goodman, de A. Grigaut et A. L'Huillier, ceux de Bacmeister et Henes[2] ont montré qu'une alimentation riche en cholestérine augmentait le chiffre de la cholestérinémie.

A la faveur des données actuelles, nous sommes, au contraire, ramenés à l'hypothèse bien oubliée qu'émettait

1. On trouvera l'exposé d'ensemble des recherches sorties de mon service et de mon laboratoire, sur la question de la cholestérinémie, dans la thèse de A. GRIGAUT : « Le cycle de la cholestérinémie », juillet 1913. Elle comprend un index bibliographique très étendu ; je ne citerai ici que quelques indications qui n'y figurent pas.

2. BACMEISTER et HENES. *Deutsche Medicin. Woch.*, 20 mars 1913.

Frerichs[1], quand il écrivait les lignes suivantes : « Il reste à décider si l'augmentation de la quantité de cholestérine que contient le sang dans la vieillesse entraîne l'accroissement de sa proportion dans la bile, et, si telle est, en partie, la cause de la fréquence plus grande des calculs dans cette période de la vie. Cela est plus que vraisemblable. » C'était parfaitement poser les termes du problème, mais sur un terrain trop étroit, et je crois qu'il faut reconnaître à l'*hypercholestérinémie* un rôle plus général dans la pathogénie de la cholélithiase.

Mais, pour arriver à cette notion nouvelle, il fallait une méthode à la fois précise et clinique qui permît de doser la cholestérine du sérum, et c'est à A. Grigaut que nous la devons. C'est lui qui, dans mon laboratoire, a trouvé la technique, n'a cessé de la perfectionner, et, par la série de ses dosages, nous a permis de mener à bien une longue suite de recherches méthodiques.

J'ai le droit d'ajouter que les faits que j'ai publiés avec Guy Laroche et A. Grigaut ont été partout contrôlés, en France, en Allemagne, en Hollande, en Russie, partout reconnus exacts, et les interprétations que nous avons proposées ont été acceptées.

C'est l'étude du xanthélasma dans ses rapports avec l'hypercholestérinémie qui m'a conduit d'abord, avec Guy Laroche, à la constatation d'un excès de cholestérine dans le sérum des ictériques et des lithiasiques, et, dès lors, l'idée directrice était trouvée, et pour déterminer le rôle possible de l'hypercholestérinémie dans la pathogénie de la cholélithiase nous nous adressions, de propos délibéré, à

---

1. FRERICHS. *Traité des maladies du foie*, 2ᵉ édition française, 1866, p. 816.

deux catégories de sujets que l'observation clinique montre prédisposés, à des degrés différents, au processus lithogène, *les typhiques* et *les gravidiques.*

Au cours de la *fièvre typhoïde,* nous avons pratiqué dans 33 cas des dosages en série, et nous avons pu voir que, dans la règle, à l'hypocholestérinémie de la période fébrile et infectieuse succède une *hypercholestérinémie secondaire,* les deux courbes de la température et de la cholestérinémie évoluant en sens inverse, et s'entre-croisant au moment de la défervescence. Il semble que l'hypercholestérinémie marche de pair avec l'immunité du typhique, et les recherches récentes de Rouzaud et Cabanis[1] chez les sujets soumis à la vaccination antityphique de Vincent en donnent une élégante démonstration : chaque injection vaccinale provoque en petit une réaction analogue à la réaction générale de la fièvre typhoïde, taux *abaissé* d'abord, puis *surélevé* de la cholestérinémie, l'ascension secondaire étant d'autant plus forte que la chute initiale a été plus profonde. Cette réaction hypercholestérinémique, très marquée pour les deux premières injections, est plus faible pour la troisième, nulle pour la dernière, alors que l'organisme a acquis la pleine immunisation.

La lactescence du sérum, si commune chez les typhiques, est un fait connexe, par lipémie, mais dissociable de l'hypercholestérinémie, comme nous l'avons constaté et comme F. Widal, Weill et Laudat l'ont confirmé depuis.

---

1. Rouzaud et Cabanis. « Variations de la cholestérinémie au cours de la vaccination antityphique (vaccin polyvalent de Vincent) ». *La Presse Médicale,* 12 mars 1913, p. 197.

Ainsi la fièvre typhoïde a, au point de vue hépatique et biliaire, une action plus complexe qu'on ne l'avait cru jusqu'à présent : outre la *bacillocholie*, que nous savons aujourd'hui constante, elle modifie en sens successivement opposés le taux de la cholestérine sérique, et, dans la règle, le *typhique convalescent est un hypercholestérinémique.* Si l'on rapproche cette constatation du fait que les accidents lithiasiques provoqués cliniquement par la fièvre typhoïde s'observent le plus souvent pendant ou après la convalescence, que les calculs trouvés en pareil cas sont souvent cholestériniques, on ne peut s'empêcher de trouver qu'il y a là des concordances bien significatives et des données nouvelles dont il semble difficile de ne pas tenir le plus grand compte.

Si la dothiénentérie, par ses conditions spéciales de cycle évolutif prolongé, paraît le cas le plus favorable pour l'étude des hypercholestérinémies post-infectieuses, il n'en faut pas moins savoir que des réactions du même type peuvent succéder à toutes les infections, et qu'il y a peut-être là une notion pathogénique qui n'est pas négligeable. J'ai vu dans un cas la cholélithiase survenir d'une façon très évidente après la scarlatine, et le rôle d'infections autres que la fièvre typhoïde me paraît pouvoir intervenir dans le déterminisme causal de la cholélithiase. C'est une question à revoir.

La seconde série de cas étudiés visait l'*état gravidique et puerpéral*, et je ne reviens pas sur l'importance clinique de la gravidité comme cause de cholélithiase ; nous en avons donné déjà les preuves.

On connaissait la fréquence des sérums lactescents chez

les femmes enceintes, mais les variations de la cholestérine n'avaient pas été étudiées. Sur cette question, l'enquête était menée simultanément par nous avec Guy Laroche et A. Grigaut[1], et par Neumann et Hermann à Vienne. Ces auteurs ont la priorité de publication, leur travail ayant paru huit jours avant le nôtre ; mais leurs constatations sont très sommaires et ne sont que d'ordre approximatif, sans dosages, tandis que sur 112 femmes de la clinique de mon collègue le professeur Bar, nous avons pu pratiquer des dosages en série, et établir des courbes toutes nouvelles. Nous avons pu ainsi montrer que dans les sept premiers mois de la grossesse, le taux de la cholestérine est au-dessus de 2 grammes pour 1000 dans 6 cas sur 14 ; que, dans les deux derniers mois, il dépasse ce chiffre 3o fois sur 32 cas, avec un taux moyen de 2 gr. 45 ; dans les jours qui suivent l'accouchement, la cholestérinémie s'abaisse, puis redevient élevée, et ne se retrouve normale qu'au bout de deux mois en moyenne.

La courbe ci-jointe (p. 39), provenant d'une primipare normale, montre l'ensemble de cette évolution.

Voilà les faits, et ils éclairent singulièrement l'origine de la cholélithiase gravidique. Mais comment les comprendre, et d'où peut provenir cette hypercholestérinémie gravidique ?

Je crois qu'il faut la considérer comme due à une *hypergénèse cholestérinique d'origine endogène*, et ayant plusieurs foyers de formation dans les glandes endocrines, en particulier dans les *capsules surrénales* et dans le *corps jaune*.

---

1. A. Chauffard, Guy Laroche et A. Grigaut. Évolution de la cholestérinémie au cours de l'état gravidique et puerpéral. *L'Obstétrique*, mai 1911, p. 481.

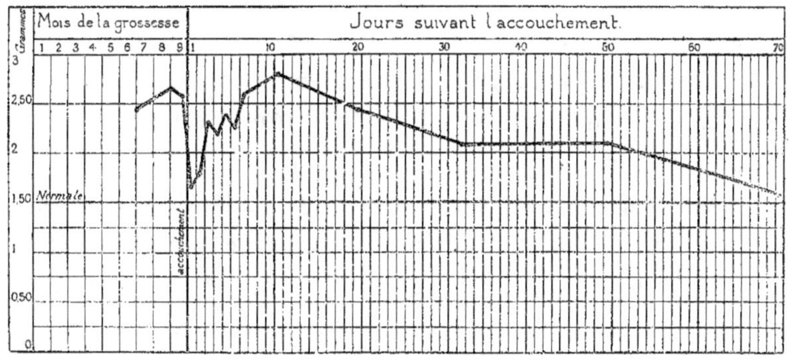

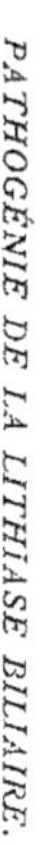

Courbe de la cholestérinémie chez une primipare normale.

Déjà, chez des cobayes en gestation, Gotteschau, Alezais, Guieysse avaient montré l'existence dans la zone corticale des surrénales de nombreuses vacuoles graisseuses. Par des procédés histo-chimiques plus délicats, Albrecht et Weltmann ont fait voir qu'il s'agissait là d'éthers de la cholestérine. La glande surrénale des gravidiques paraît donc être en état d'hyperfonctionnement et sécrète en abondance des lipoïdes complexes et en particulier de la cholestérine.

On savait, d'autre part, que le corps jaune est également riche en lipoïdes, mais son rôle de *genèse cholestérinique* était ignoré quand nous en avons entrepris l'étude par un ensemble de recherches histologiques et chimiques[1]. Celles-ci ont porté sur le corps jaune de la vache (fig. 1), peu ou pas hémorragique, très volumineux, et donnant tout à fait l'aspect d'un gros noyau adénomateux de couleur beurre frais, et sur le corps jaune de la truie (fig. 2), très différent par son aspect en grappe et son évolution hémorragique; c'est lui qui ressemble le plus au corps jaune de la femme. (Pl. I, fig. 1 et 2.)

Histologiquement, Mulon avait déjà constaté la présence de complexes lipoïdiques dans les corps jaunes fixés par le formol à 10 pour 100 et coupés après congélation. Nous avons pu faire voir quelle place importante revient, dans ces lipoïdes, aux éthers cholestériniques, et j'ajoute que rien ne ressemble plus à une couche corticale de surrénale que les trabécules cellulaires qui constituent histologiquement le corps jaune à ses débuts.

1. A. CHAUFFARD, GUY LAROCHE et A. GRIGAUT. Fonction cholestérinigénique du corps jaune. *Archives mensuelles d'obstétrique et de gynécologie*, mai 1912.

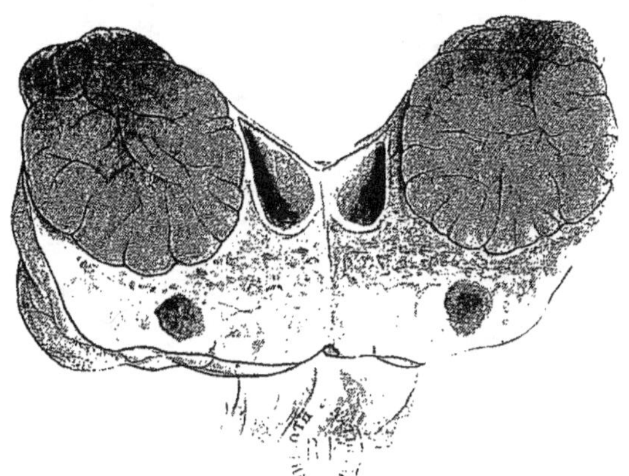

Fig. 1. — *Corps jaune de la vache à la
période d'état.*

Fig. 2. — *Corps jaune de la truie
à la période d'état, après la phase
hémorragique du début.*

Cette évolution glandulaire histologique se double d'une évolution chimique parallèle, et les dosages d'organes montrent que le corps jaune est un des parenchymes les plus riches en cholestérine, beaucoup moins cependant que les surrénales. Chez la truie, et pour 1000 grammes, nous avons trouvé au stade initial hémorragique du corps jaune un taux moyen de 1,99; au stade de maturité un taux de 3,84; enfin, au stade de régression, mais alors que le volume du corps jaune est devenu minime, un taux de 10,92 pour 1000 grammes de substance fraîche.

A la lueur de ces constatations, le corps jaune gravidique nous apparaît donc comme une *glande temporaire*, comme un *foyer adénomateux de cholestérinigénie*, comme un organe de renfort qui vient, au cours de la grossesse, ajouter son action antitoxique au rôle analogue et permanent des surrénales, nouvel exemple des symbioses fonctionnelles pluriglandulaires dont chaque jour nous comprenons mieux l'importance physiologique et clinique.

Mais toutes ces réactions glandulaires ont leurs dangers, peuvent dépasser le but ou provoquer des états secondaires d'ordre pathologique, et c'est ainsi que la cholélithiase gravidique me paraît pour ainsi dire la rançon de l'hypercholestérinémie d'origine surrénale et ovarienne que suscite la gestation.

Ce que chez la femme fait la grossesse, la menstruation le répète d'une façon périodique pendant toute la durée de la vie génitale. En effet, Goñalons[1] a montré qu'à chaque cycle menstruel s'associait une hypercholestérinémie transitoire, qui le plus souvent précède de quelques jours la

---

1. G. P. GOÑALONS. Variationes della colesterinemia durante el cielo menstrual. Buenos-Aires, *Semana Medica*, n° 51, 1916.

menstruation, ou, plus rarement l'accompagne. Ainsi, pendant toute la durée de sa vie génitale, la femme est une hypercholestérinémique à répétition, et on comprend toute l'importance de cette notion, et combien elle nous aide à comprendre la prédisposition si évidente de la femme à la cholélithiase.

Nous avons vu d'autre part la fréquence de la cholélithiase chez les goutteux, les graveleux, les artério et néphroscléreux; dans tous les cas de ce genre, l'augmentation du taux de la cholestérine sérique est la règle.

Je n'insiste pas sur l'hypercholestérinémie des néphrites chroniques, telles qu'avec Guy Laroche et Grigaut nous l'avons décrite chez les brightiques. Le fait est aujourd'hui universellement admis.

Plus récente dans la science est l'hypercholestérinémie des *hyperuricémiques goutteux ou graveleux*, que nous avons fait connaître avec P. Brodin et A. Grigaut[1]. Elle a le grand intérêt de montrer que les deux cycles de la cholestérine et de l'acide urique sont non seulement en liaison, mais même en pénétration réciproque, et de substituer une notion pathogénique précise à la simple constatation d'affinités cliniques indiscutables.

Sur 13 goutteux observés, la cholestérinémie atteignait ou dépassait 9 fois le chiffre de 2 gr., et 12 fois sur 21 graveleux.

Ainsi, nous voyons qu'un certain nombre des états que nous savons prédisposer à la cholélithiase s'accompagnent

---

1. A. Chauffard, P. Brodin, et A. Grigaut. L'hyperuricémie dans la goutte et dans la gravelle. *Presse Médicale*, 15 décembre 1920.

d'hypercholestérinémie. Il nous faut, maintenant, pour compléter la démonstration, faire voir que les *cholélithiasiques sont des hypercholestérinémiques.*

C'est ce que nous avons constaté dès le début de nos recherches sur le xanthélasma et sur la cholestérinémie hépatique. Dans la thèse de Flandin sont relatés 29 cas de cholélithiase provenant de mon service ; tous, sauf 2 cas compliqués d'infection biliaire, avaient plus de 2 grammes de cholestérine pour 1000, et 10 fois le taux cholestérinique variait entre 3 grammes et 5 gr. 50. Depuis lors, 17 autres cas ont été examinés dans mon service. Dans un seul de ces cas la cholestérinémie a été trouvée de 1 gr. 50, dans un autre de 2 grammes et dans 15 cas sur 17 au-dessus de 2 grammes, oscillant entre 2 grammes et 3 grammes 13 fois, atteignant 1 fois 4 gr. 20, et 1 fois 5 gr. 40.

De même, Biscons et Rouzaud, dans 6 cas de cholélithiase, ont trouvé 5 fois des chiffres supérieurs à 2 grammes dont un à 4 gr. 90.

Je crois donc que l'on est autorisé à dire que, *dans la règle,* les cholélithiasiques sont *des hypercholestérinémiques,* et cela non seulement pendant les périodes d'ictère par rétention, mais même alors qu'ils ne sont que peu ou pas subictériques.

J'ajoute que ce n'est pas là une constatation dont l'intérêt soit purement théorique, elle peut trouver en clinique ses applications directes, notamment pour le diagnostic différentiel si difficile entre la cholécystite calculeuse chronique et l'ulcus juxta-pylorique. Ainsi que j'ai pu plusieurs fois le constater, la confrontation du chimisme gastrique et du taux cholestérinémique peut apporter de très précieuses indications.

Enfin les preuves thérapeutiques concordent, elles aussi, avec tout cet ensemble de données. Dans des recherches très intéressantes poursuivies à l'Hôpital militaire de Vichy, MM. Biscons et Rouzaud[1] ont pu démontrer que la cure thermale fait, chez les cholélithiasiques, baisser à la fois le taux de la bilirubinémie et de la cholestérinémie.

Ainsi ces trois ordres de constatations concordent, par des voies convergentes, à la même démonstration, et puisque nous avons pu établir que *les états cholélithogènes s'accompagnent d'hypercholestérinémie*, que *les cholélithiasiques sont des hypercholestérinémiques*, que *la cure de Vichy ramène à la normale le taux de la cholestérinémie*, il semble bien difficile de ne pas associer ces faits, de ne pas les relier dans une interprétation pathogénique commune. De telles concordances ne peuvent être fortuites, et elles nous conduisent à cette conclusion presque obligatoire : *l'hypercholestérinémie est une des conditions pathogéniques constantes de la cholélithiase.*

J'ajoute que, dans certains cas, elle nous apporte la seule explication causale possible, pour la lithiase gravidique, par exemple, si fréquente, et dont la stase mécanique due à la tuméfaction utérine ne rend compte que d'une manière insuffisante.

Voilà donc des éléments nouveaux que l'on ne peut exclure de la discussion pathogénique, mais qui ne prendront leur valeur définitive que quand il nous sera possible

---

1. Biscons et Rouzaud. « Variations de la cholestérinémie chez les hépatiques soumis au traitement hydro-minéral de Vichy ». *Revue de Médecine*, juin 1913, p. 493.

d'en apprécier nettement le mode d'action. Or, sur ce point, il reste encore bien des incertitudes ; peut-être, cependant, pouvons-nous dès maintenant préciser quelques points intéressants.

Tout d'abord, dans quelles limites pouvons-nous, de par le taux de la cholestérinémie, juger de la teneur en cholestérine de la *bile vésiculaire*, car c'est bien celle-ci qui nous intéresse au point de vue de la pathogénie de la lithiase. Sans doute, il paraît difficile de ne pas admettre un rapport intime entre la sécrétion biliaire et le taux de la cholestérine sanguine, et tout ce que la physiologie nous apprend sur le mécanisme général des sécrétions plaide dans ce sens ; qui voudrait considérer comme sans rapports réciproques la teneur en urée de l'urine et du sérum ?

Mais en dehors de cette notion générale, et si grande qu'en soit la valeur, la preuve directe est difficile à donner. La sécrétion biliaire n'est pas externe et, chez l'homme, nous ne pouvons pratiquer l'analyse chimique de la bile vésiculaire qu'à l'opération ou à l'autopsie, c'est-à-dire dans des conditions pathologiques, ou chez les opérés à fistule biliaire. Or, toute fistule biliaire, chez l'homme comme chez l'animal, supprime en fait le *stade vésiculaire* de la sécrétion, et empêche la bile de subir dans la vésicule les conditions de concentration qui la modifient certainement dans sa composition chimique. C'est donc le *passage de la cholestérine du sang à la bile* qu'il nous est malaisé de saisir sur le ,vif. Nous verrons bientôt, cependant, que des idées récentes vont peut-être orienter dans un sens nouveau nos idées sur cette question d'importance capitale.

En attendant, des analyses de Mc Nee[1], faites dans le laboratoire d'Aschoff, nous permettent de dire que, chez la femme enceinte, l'*hypercholestérinie vésiculaire* n'est pas moins notable que l'hypercholestérinémie. Mc Nee a eu l'occasion de doser, par les deux méthodes de Windhaus et de Weston Kent, la bile vésiculaire chez trois femmes enceintes, mortes l'une de tuberculose pulmonaire au quatrième mois de la grossesse, la seconde d'avortement au cinquième mois, la troisième d'affection cardiaque au sixième mois; la teneur en cholestérine libre était dans le premier cas de 6 gr. 04 pour 1000, dans le second de 6 gr. 80, dans le troisième de 6 gr. 60, soit une teneur moyenne de 6 gr. 21 pour 1000, à peu près *quatre fois* plus forte que dans les cas non gravidiques où, d'après Pierce, elle est de 1 gr. 50 à 1 gr. 60 pour 1000. C'est à peu près le chiffre trouvé également par Mc Nee chez une basedowienne morte opératoirement, 1 gr. 58 pour 1000. Par contre, chez une femme dont la vésicule contenait des calculs à facettes, et qui mourut de péritonite par perforation, la bile vésiculaire contenait le chiffre énorme de 9 gr. 75 pour 1000 de cholestérine libre, et des traces seulement d'éthers cholestériniques.

Ces dosages de Mc Nee paraissent bien montrer qu'il existe un rapport direct entre les deux états d'*hypercholestérinie vésiculaire* et d'*hypercholestérinémie*, et, en les commentant, Aschoff conclut à l'existence d'une sorte de *diathèse cholestérinique*. J'avoue qu'une telle expression me paraît peu satisfaisante, et je crois très préférable de mettre

---

1. J. W. Mc NEE, de Glasgow. « Zur frage des Cholestearingehalts des Galle, wahrend der Schwangerschaft. » *Leutsch. Medic. Woch.*, 22 mai 1913, p. 994.

au point de départ de ce que j'ai appelé les *dépôts locaux de cholestérine* la notion de l'hypercholestérinémie, surtout en complétant celle-ci par l'étude de son déterminisme physiologique.

J'ai pu récemment faire contrôler les recherches de Mc Nec, grâce à l'obligeance de mon collègue le professeur Bar, qui a bien voulu mettre à ma disposition la bile vésiculaire d'une femme de son service morte en couches d'hémorragie foudroyante. Cette bile était assez épaisse, d'un brun jaunâtre foncé, et contenait un fort excès de pigment. Sa teneur en cholestérine totale, dosée par A. Grigaut, était extrêmement élevée, 7 gr. 50 pour 1000. Ce chiffre, encore plus fort que ceux trouvés par Mc Nec, est près de *cinq fois plus élevé* que le chiffre normal, qui est d'environ 1 gr. 50 à 1 gr. 60 pour 1000.

Cette *hypercholestérinie vésiculaire* est le corollaire de l'hypercholestérinémie de la grossesse, et cette double constatation me paraît constituer le document capital en matière de cholélithiase gravidique.

Rappelons également que, d'après H. Baldwin, la bile vésiculaire des sujets mourants de néphrite atrophique lente, maladie qui s'accompagne d'une notable hypercholestérinémie, a une teneur en cholestérine à peu près double du chiffre normal.

La cholestérine circulante, élément constant du sérum sanguin, a des origines multiples.

Pour une part elle est d'apport alimentaire, c'est la cholestérine *exogène*; notion très importante, sur laquelle nous aurons à revenir à propos des indications diététiques chez les cholélithiasiques, et nous verrons que les aliments riches en cholestérine ou en lipoïdes sont justement ceux dont la clinique traditionnelle a montré le caractère nocif dans la lithiase biliaire. L'origine alimentaire de la cholestérine exogène justifie ce que j'ai proposé d'appeler le *régime hypocholestérinique*.

Mais si sévère que soit ce régime, il ne peut avoir qu'une action partielle sur la cholestérinémie, car celle-ci dépend en majeure partie de la sécrétion cholestérinique des glandes endocrines, permanentes comme les *surrénales*, temporaires comme le *corps jaune* périodique ou gravidique.

Enfin il reste à déterminer le rôle propre de la *glande hépatique*, et c'est peut-être là le point le plus mal connu de la question. Dans des recherches faites avec Guy Laroche et A. Grigaut, nous avons constaté des résultats assez variables chez le chien normal, et il nous a paru que les granulations graisseuses ou cholestériniques constatables histologiquement dans les parois des canaux biliaires relevaient non d'une résorption intracanaliculaire, comme l'ont dit Aschoff et Bacmeister, mais d'une véritable sécrétion locale. En effet, chez les chiens en rétention biliaire après ligature du cholédoque, on ne peut constater aucune granulation lipoïdique dans les parois biliaires alors que les conditions les plus favorables à la résorption sont réalisées. Mais si la ligature du cholédoque cède, comme dans un de nos cas, et si un cholépéritoine se produit, la sécrétion biliaire se rétablit librement, et les granulations graisseuses et lipoïdiques reparaissent, rares dans la vésicule et les gros canaux, très nombreuses dans les cellules des petits canaux biliaires.

Il nous semble donc vraisemblable d'admettre que la sécrétion de la cholestérine et des graisses de la bile se produit au niveau de l'épithélium des canaux biliaires, et qu'elle trouve son siège d'élection dans la partie initiale des radicules biliaires et au voisinage de la cellule hépatique.

Mais tout ceci n'est que d'ordre physiologique, et nous devons nous demander maintenant quelle application peut être faite de ces notions dans le domaine de la pathologie. Comment devons-nous comprendre le mécanisme pathogénique de l'hypercholestérinémie des cholélithiasiques?

Il est clair que l'apport alimentaire, élément contingent et variable, est ici négligeable.

D'autre part, les dosages de la teneur en cholestérine des surrénales, pratiqués dans différents états pathologiques, nous ont donné des résultats très typiques ; le taux moyen pour 1000 est de 59 grammes pour les hypertendus, de 52 grammes pour les brightiques, de 12 grammes seulement pour les hépatiques. Ainsi, dans un cas de lithiase biliaire avec ictère par rétention, nous trouvons pendant la vie 2 gr. 40 dans le sérum, et à l'autopsie 10 gr. 20 dans les surrénales[1].

Nous croyons donc que l'on peut dire que l'*hypercholestérinémie des hépatiques et des cholélithiasiques n'est pas due à une hypergénèse de cholestérine dans le parenchyme surrénal.*

A cette donnée négative s'en ajoute une autre positive, et d'ordre à la fois clinique et expérimental : l'*ictère par*

---

1. Tous ces chiffres n'ont qu'une valeur relative et de comparaison, les sujets étant morts de maladie. Chez les sujets sains, mourant de mort accidentelle, la teneur normale des surrénales en cholestérine paraît osciller entre 45 et 50 grammes par 1000.

rétention s'accompagne d'hypercholestérinémie, sauf action empêchante d'une infection biliaire, puisque nous avons montré que tout état infectieux fébrile fait baisser au-dessous de la normale la teneur en cholestérine du sérum.

Cette *hypercholestérinémie par rétention* nous l'avons constatée dès le début de nos recherches cliniques, et nous avons pu la reproduire expérimentalement par la ligature basse du cholédoque chez le chien.

La rétention joue certainement chez les cholélithiasiques un rôle important, puisque nous savons combien est fréquent chez eux l'ictère par rétention. Mais ce ne serait là qu'un *facteur secondaire* d'hypercholestérinémie, il ne pourrait intervenir qu'au cours d'une lithiase préexistante, et ne saurait être considéré comme un processus pathogénique.

En réalité, je crois qu'il faut remonter plus haut que le canalicule biliaire, et que, puisque l'observation clinique montre que l'hypercholestérinémie cholélithiasique est fréquente en dehors de tout ictère par rétention, c'est à la *cellule hépatique* elle-même qu'il faut s'adresser, c'est-à-dire à un de nos organites les plus hautement spécifiques par la différenciation et la complexité des actes chimiques dont il est le siège.

Par cela même que la cholestérinémie est un fait physiologique et constant, que son taux varie dans une certaine mesure, mais temporairement suivant le régime alimentaire, on peut affirmer qu'il existe un processus de *régulation cholestérinémique*; la cholestérine circulante, destinée à fournir l'apport nécessaire pour l'entretien ou le renouvellement de la cholestérine fixe des tissus, trouve en effet une voie d'élimination naturelle par la sécrétion biliaire, et c'est là qu'il est tout indiqué de chercher la porte de sortie, le procédé de régularisation et de compensation dont pour un autre organe, le rein, les recherches modernes ont fait connaître le mécanisme aussi complexe que précis.

En fait, les dosages de A. Grigaut montrent bien que l'hypercholestérinémie des ictériques diminue et revient à un taux normal dès que la perméabilité biliaire est obtenue, soit par rétablissement de l'élimination biliaire intestinale, soit par fistule opératoire de la vésicule.

Mais, d'autre part, chez ces opérés à fistule biliaire, il n'y a pas de corrélation absolue entre le retour au chiffre normal de la cholestérine sanguine et le taux de la cholestérine éliminée par la sécrétion biliaire. Ainsi, chez un opéré de mon collègue Quénu, Grigaut voit la cholestérine sérique passer en quinze jours de 4 gr. 30 à 1 gr. 80, alors que la quantité quotidienne de cholestérine éliminée par la bile reste inférieure à 0 gr. 30.

Il paraît donc très vraisemblable que la cholestérine sanguine s'élimine par le foie sous la forme d'un *produit de transformation* et ce produit, d'après Grigaut, serait *l'acide cholalique*, c'est-à-dire le corps qui forme le noyau chimique des acides biliaires, constitués par l'adjonction à un radical commun, l'acide cholalique, de la taurine ou du glycochole.

A l'appui de cette conception toute nouvelle, Grigaut allègue les analogies de constitution et la parenté chimique très intime de la cholestérine et de l'acide cholalique, et ce fait important, constaté par Hammarsten, que, chez les sélaciens, le noyau des sels biliaires est directement

représenté par des homologues supérieurs de la cholestérine.

Klinkert, de son côté, arrive à des conclusions analogues. Il admet que, chez les cholélithiasiques, l'oxydation
de la cholestérine en acide cholalique serait diminuée,
d'où, dans la bile, moins d'acide cholalique et plus de
cholestérine, double facteur efficace de la précipitation
cholestérinique sous forme de calculs aseptiques.

Si l'acide cholalique de la bile provient ainsi de la transformation de la cholestérine par le foie, on comprend que
l'hypercholestérinémie des hépatiques doit avoir pour
conséquence la *diminution des sels biliaires de l'organisme*,
et on sait, en effet, que, chez les ictériques, le taux des sels
biliaires est extrêmement abaissé.

La conclusion à laquelle arrive Grigaut est donc celle-ci :
*hypercholestérinémie par rétention et diminution de pro-
duction de l'acide cholalique sont ainsi deux états connexes
occasionnés par une seule et même cause, le défaut d'élimination de la cholestérine par le foie*, et la pathogénie chimique de la lithiase biliaire pourrait se formuler ainsi :
*hypercholestérinémie et diminution consécutive de l'acide
cholalique dans la bile.*

Cette conception si personnelle de A. Grigaut n'apporte
pas encore tous les éléments d'une démonstration scientifique, mais il faut reconnaître qu'elle est très séduisante,
très vraisemblable, et que, mieux que tout autre, elle est
en rapport avec l'ensemble des faits nouveaux que nous
venons d'exposer. Je crois que, sous réserves de l'avenir,
elle doit actuellement être admise.

Nous trouverions là une explication à peu près complète
de la pathogénie de la cholélithiase : *hypogenèse des sels*

biliaires, c'est-à-dire du principal agent de solubilisation de la cholestérine dans la bile, *rétention cholestérinique* dans le sérum, *hypercholestérinie biliaire* et tendance à la précipitation de cet excès de cholestérine, insuffisamment maintenu en dissolution dans la cavité vésiculaire, tels seraient les *temps successifs* du processus lithogène.

L'hypercholestérinémie des cholélithiasiques relèverait donc, même en dehors de toute obstruction biliaire, d'une rétention relative, et je rappelle que, d'après F. Widal, Weill et Laudat, l'hypercholestérinémie des ictériques serait formée presque exclusivement de *cholestérine libre*, tandis que chez les brightiques l'augmentation porterait à la fois sur la cholestérine libre et sur les éthers de la cholestérine.

Mais, au point de départ de ce déterminisme pathogénique, que trouvons-nous? Un *trouble fonctionnel de la cellule hépatique*, celle-ci devenant inapte à transformer une partie de la cholestérine circulante et à l'éliminer sous forme d'acide cholalique. Et ainsi, en dernière analyse, la pathogénie chimique de la cholélithiase aseptique se ramène à *une forme spéciale d'insuffisance hépatique*.

Que celle-ci reconnaisse une série de causes possibles, mauvais régime alimentaire, sédentarité, obésité, état gravidique, hérédité, c'est ce que l'observation clinique des faits nous a depuis longtemps démontré. Mais aujourd'hui nous pouvons aller plus loin et, à la lueur de tous les faits nouveaux que je viens de résumer, nous pouvons arriver à une formule d'ensemble, à cette notion de l'*insuffisance cholaligénique* comme acte essentiel et initial du processus.

C'est à la cellule hépatique qu'il faut remonter, comme toujours en matière de pathologie du foie ou des voies

biliaires. C'est elle qui est atteinte et plus ou moins amoin-
drie dans une de ses principales fonctions, et c'est à elle
que s'adresseront la plupart de nos moyens thérapeutiques, tels que la médication par les sels biliaires, par la
cure de Vichy, par le régime.

Et, ainsi, tout ce long détour dans les voies de la chimie
nous ramène à des conclusions d'ordre essentiellement
pratique, éclaire notre observation clinique, et dirigera
nos prescriptions thérapeutiques.

Les considérations générales que nous venons d'exposer
trouvent une confirmation, et, pour ainsi dire, une contre-
épreuve expérimentale dans les recherches si curieuses de
de Langen[1] sur la cholélithiase à Java. On sait depuis
longtemps que, au Japon, la cholélithiase est beaucoup
plus rare qu'en Europe, et que les calculs, pauvres en
cholestérine, y sont surtout pigmentaires. A Java, rareté
également et nature pigmentaire des calculs biliaires,
mais les recherches de Langen nous apprennent, en outre,
que, chez les indigènes, le taux cholestérinémique est
très inférieur à celui des Européens, la moitié environ.
De même la teneur en cholestérine de la bile fut trouvée
beaucoup plus basse chez les indigènes que ne l'indiquent
les chiffres obtenus en Europe. De même, enfin, l'hypercholestérinémie post-typhique donne des chiffres beaucoup
moins élevés que ceux observés dans nos pays.

Ainsi la pathologie ethnique comparée apporte l'appoint
le plus significatif à la pathogénie cholestérinémique de la
cholélithiase.

1. C. D. DE LANGEN. Echanges cholestériniques et pathologie de
la race; analyse par le professeur Hijmans van den Bergh in *Presse
Médicale*, 27 juillet 1916.

CHAPITRE IV

LES CALCULS BILIAIRES

L'étude des calculs biliaires trouve logiquement sa place entre l'exposé de la pathogénie de ces calculs et l'histoire clinique des accidents dont ils peuvent devenir le point de départ. Il y a grand intérêt à déterminer les caractères objectifs des cholélithes, à voir quelles conclusions on en peut tirer au point de vue de leur ancienneté aussi bien que de leur mécanisme de production. Examiner un calcul biliaire, c'est presque faire une *biopsie*, et autant que possible l'examen devra porter sur des calculs frais, et observés non seulement en surface, mais aussi sur des coupes passant par le centre du calcul.

Le matériel d'études dont on peut disposer provient de sources différentes.

Calculs expérimentaux reproduits soit *in vitro*, soit *in vivo*; calculs donnés par la pratique des autopsies; calculs de provenance chirurgicale; enfin, calculs éliminés par la voie intestinale et, de ceux-ci, nous donnerons une description détaillée quand nous étudierons l'élimination spontanée des cholélithes par la voie intestinale.

La reproduction expérimentale des concrétions biliaires n'a été que tout récemment tentée *in vitro*, et la thèse de Flandin nous a donné sur ce point d'intéressants documents. Deux conditions sont nécessaires pour obtenir la production de ces calculs artificiels qui restent toujours de très petit volume. Il faut, si la bile est stérile, qu'elle soit *stagnante*, et on la voit alors se modifier lentement dans son équilibre chimique, les sels biliaires disparaissent peu à peu, la cholestérine se précipite, et il se forme un calcul stérile, le *calcul cholestérinique radiaire* décrit par Aschoff et Bacmeister [1] dans leurs importantes recherches sur la cholélithiase que nous aurons souvent l'occasion de citer. Les calculs de ce genre, assez communs comme le prouvent les autopsies et les constatations opératoires, forment *les calculs de stase* de Aschoff et de Bacmeister et leur production est d'autant plus facile que le taux de la cholestérine est plus élevé dans la bile.

On comprend quelle est l'importance de ces notions qui par l'étude même des calculs démontrent l'existence de la *cholélithiase aseptique*. Mais, si au lieu d'être stérile, il s'agit d'une bile infectée, la précipitation de la cholestérine sera infiniment plus rapide. C'est ce que démontrent de nombreuses expériences dont les premières en date et devenues classiques sont celles faites en 1896 par MM. Gilbert et Louis Fournier. Elles ont été suivies de près par les recherches de M. Mignot.

Dans ces dernières expériences, c'est au cobaye que s'est adressé Mignot, et l'on peut dire que le choix n'était pas heureux, le cobaye ayant une bile très pauvre en cholestérine, une alimentation très peu cholestérinisante, et ne présentant en outre jamais de cholélithiase spontanée.

---

1. L. Aschoff et A. Bacmeister. *Die Cholelithiasis*, Iéna, 1909.

Pour obtenir de minimes concrétions biliaires dans la vésicule de cobaye, il faut d'une part irriter la muqueuse vésiculaire et produire de la stase biliaire en introduisant dans la vésicule un petit tampon de ouate, d'autre part infecter la bile, une fois le tampon retiré après un certain temps de séjour, en pratiquant des inoculations de culture faiblement virulente de colibacilles, de streptocoques, de staphylocoques, de subtilis. En mettant en œuvre ce dispositif si complexe, on obtient la production dans la bile vésiculaire de petites concrétions formées à la fois de cholestérine et de pigment.

Les expériences de Klinkert en 1908 sont à la fois plus simples et plus démonstratives. Chez le lapin, soit en pinçant le fond de la vésicule, soit en traversant celle-ci par un fil, puis en faisant une injection virulente intraveineuse, il a pu obtenir des calculs gros comme un pois formés surtout de matières organiques et de pigments biliaires avec peu ou pas de cholestérine. La structure chimique de ces calculs expérimentaux les rapproche intimement des calculs biliaires infectés et les éloigne tout à fait, au contraire, des calculs cholestériniques et aseptiques d'Aschoff et Bacmeister.

Il semble tout d'abord que ces conditions du déterminisme expérimental soient bien loin de ce que peut montrer la clinique humaine, et, cependant, au début de la chirurgie biliaire, des faits tout à fait du même ordre ont pu être observés. On pratiquait alors l'opération tombée actuellement en désuétude et qui avait été désignée sous un nom plus bizarre que modeste, « la cholécystotomie idéale ». Celle-ci consistait à ouvrir la vésicule biliaire, à la vider de ses calculs, puis à la refermer par suture. Or, plus d'une fois, à la suite d'interventions de ce genre, de nouveaux accidents lithiasiques se sont montrés au bout de quelques mois, et en réopérant les malades on a pu constater la présence de calculs de nouvelle formation présentant à leur centre un fil de suture ou un brin de catgut, autour duquel s'était édifiée une concrétion tout à fait analogue à celle que les expérimentateurs avaient pu obtenir chez le cobaye ou chez le chien.

Flandin, par des procédés analogues chez le chien, après pincement de la vésicule et injection intra-veineuse de 1 centimètre cube d'une vieille culture d'Eberth atténuée par un chauffage de 2 heures à 65°, a pu constater au bout de 4 mois et demi l'existence de trois calculs purement pigmentaires et dépourvus de cholestérine.

Ainsi ces calculs expérimentaux diffèrent grandement des calculs humains spontanés par leur pauvreté en cholestérine et par leur constitution presque exclusivement pigmentaire.

Si nous examinons maintenant les calculs biliaires tels que nous les montrent les autopsies ou les interventions chirurgicales, il est une première distinction essentielle qu'il convient de faire. Ne jugeons pas des caractères objectifs des cholélithes sur pièces sèches, sur calculs anciens ou extraits depuis longtemps de la vésicule. Les vieux calculs, les *pierres biliaires* avec leur consistance dure, leur infiltration calcique, ne représentent que l'étape terminale des calculs biliaires. Mais avant d'en arriver là, ceux-ci ont présenté à leur début des caractères tout différents. C'est surtout dans des autopsies de malades mourant de fièvre typhoïde que l'on a pu constater l'existence des calculs jeunes. Chez une malade de Hanot mourant après un mois de maladie, toutes les voies biliaires étaient farcies de calculs à facettes mous, friables, et s'écrasant entre les doigts. Chez une femme morte au seizième jour d'une fièvre typhoïde, Milian trouve de même 25 concrétions pisiformes et présentant ces mêmes caractères de mollesse et de friabilité.

Chez un médecin que j'ai eu récemment l'occasion de soigner, et qui venait d'être opéré pour des accidents graves de cholécystite infectieuse, la vésicule contenait 74 calculs à facettes, formés par une croûte déjà résistante, mais qui cependant se laissait fragmenter entre les doigts. On voyait alors que le centre de chaque calcul n'était pas encore arrivé au stade concret, il était formé d'un liquide sirupeux et verdâtre, de bile concentrée, donnant à l'ensemble de la concrétion un aspect que l'on pourrait comparer à celui d'une dragée à la liqueur ou d'un chocolat à la crème.

Ces calculs *mous* peuvent eux-mêmes être précédés d'un simple épaississement de la bile, de la *boue biliaire*, et celle-ci peut ainsi remplir la cavité vésiculaire ou cholédocienne, pour plus tard s'y concréter et s'y mouler.

Ces calculs sont-ils toujours de formation *intravésiculaire?* C'est la question que pose un intéressant travail récent de A. Gosset, G. Lœwy et J. Magron [1]. Sur la muqueuse rouge d'une vésicule atteinte de cholécystite calculeuse chronique, ces auteurs ont constaté l'existence de très nombreuses granulations blanc jaunâtre, isolées ou groupées en petits amas, les unes à peine visibles à l'œil

---

1. A. Gosset, G. Lœwy et J. Magron. Un mode de formation des calculs de cholestérine. *Bull. de la Soc. de Biol.*, 1920, p. 1207.

nu, les plus grosses atteignant 1 mm. de diamètre, et reliées à la muqueuse par un mince pédicule.

Histologiquement ces granulations ont un centre cellulaire entouré d'une zone lipoïdique colorée en jaune orange par le Soudan III, et formée de cholestérine. Les sphérules ainsi constituées prennent un aspect muriforme et, nées dans le tissu sous-épithélial, sont élaborées, selon toute apparence, par les cellules du chorion muqueux. Elles se pédiculisent et tendent à devenir libres dans la cavité vésiculaire.

Ces constatations, très importantes, nous donnent une interprétation rationnelle de la pathogénie de cette forme si fréquente et si grave, les *calculs multiples à facettes*, et nous explique *à la fois leur multiplicité et leur contemporanéité*.

Les classifications chimiques proposées pour les calculs biliaires sont innombrables et je ne puis entrer dans leurs détails ni en faire la critique. Qu'il me suffise de dire que trois éléments principaux, isolés ou associés, peuvent entrer dans leur composition et se combiner en proportions variables, souvent sous forme de stratifications alternées, la *cholestérine*, les *sels de chaux*, les *pigments*. Parmi ces éléments constitutifs signalons dès maintenant l'importance de la *chaux*, condition de la *visibilité radiologique* des cholélithes; nous reviendrons sur ce point à propos du radio-diagnostic de la cholélithiase.

Les caractères physiques des cholélithes sont assez typiques pour en permettre le plus souvent le diagnostic immédiat : corps légers et flottant souvent à la surface de l'eau, friables, ou se cassant par voie de clivage, enfin, caractère très spécial et lié à la présence de la cholestérine,

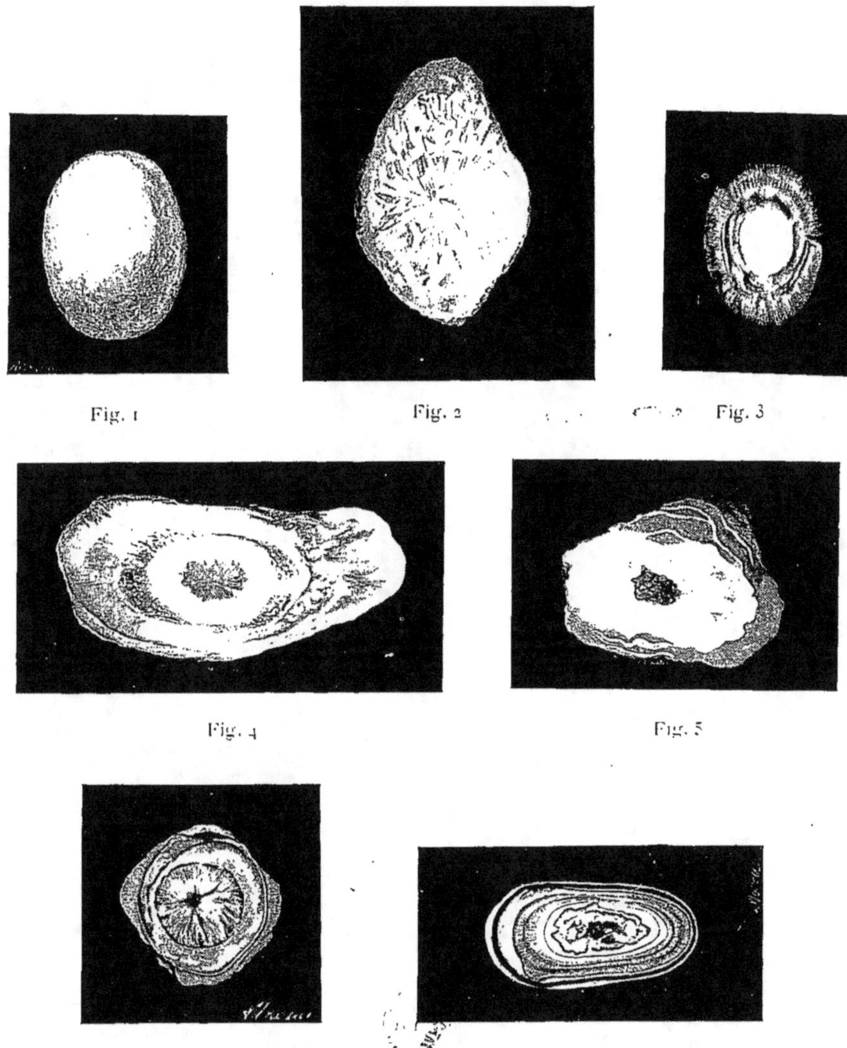

Fig. 1   Fig. 2   Fig. 3

Fig. 4   Fig. 5

Fig. 6   Fig. 7

Tous ces calculs, ainsi que ceux des planches suivantes, sont repré-sentés en grandeur nature

Fig. 1 et 2. — *Calculs cholestériniques purs.*
Fig. 3. — *Calcul à centre cholestérinique.*
Fig. 4 et 5. — *Calculs cholestériniques à centre pigmentaire.*
Fig. 6 et 7. — *Calculs mixtes.*

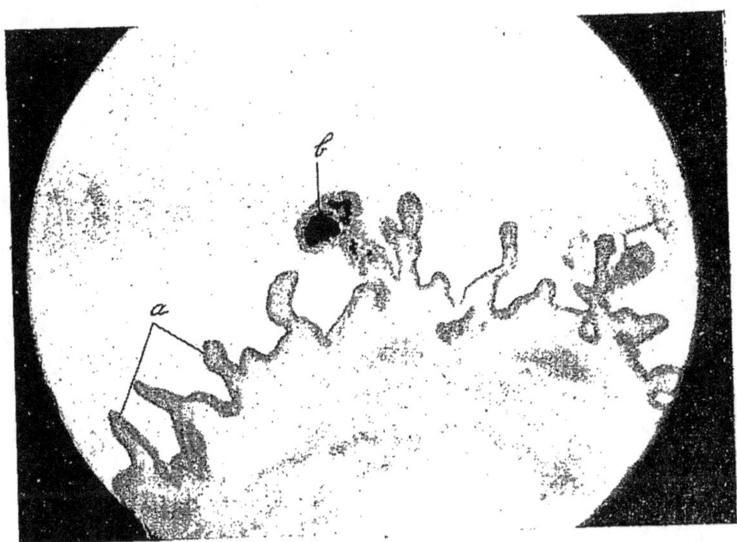

Fig. 1. — *Coupe à congélation de la muqueuse vésiculaire.
(Coloration au Soudan III).*

*a) Villosités normales. b) Villosité distendue par un dépôt sous-épithélial de
substance lipoïde colorée en jaune par le Soudan III (en noir sur la photographie).*

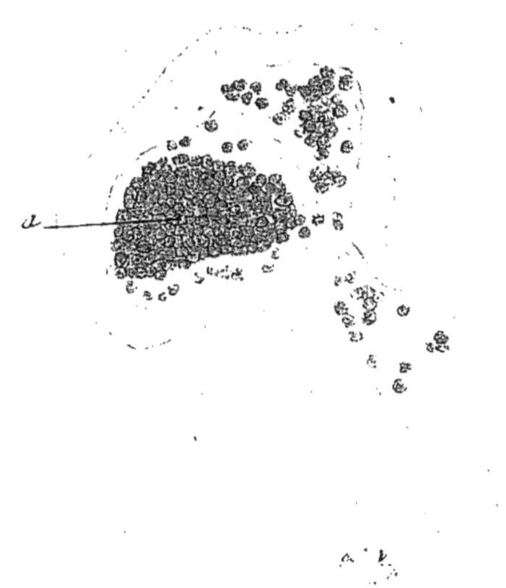

Fig. 2. — *Dessin de la même villosité hypertrophiée pourvue
d'un mince pédicule.*

a) Cellules sous-épithéliales gorgées de lipoïdes.

Cette planche, ainsi que la suivante, est empruntée au Mémoire de MM. Gosset, G. Loewy et
Maraou : sur le mode de formation des calculs biliaires de cholestérine. — *Bulletin de la
Société de Chirurgie de Paris*, 14 Décembre 1921, p. 1391, n° 33.

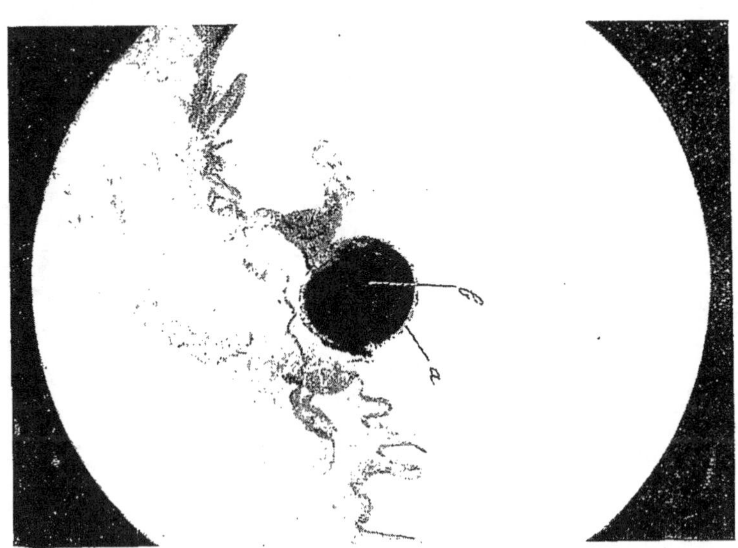

Fig. 1. — *Coupe à congélation d'un grain de cholestérine plus volumineux.*

Villosité à revêtement épithélial normal (a). *distendue par les lipoïdes colorés en jaune par le Soudan* (b).
Le pédicule est rompu à sa base et le grain est presque libre dans la cavité vésiculaire.

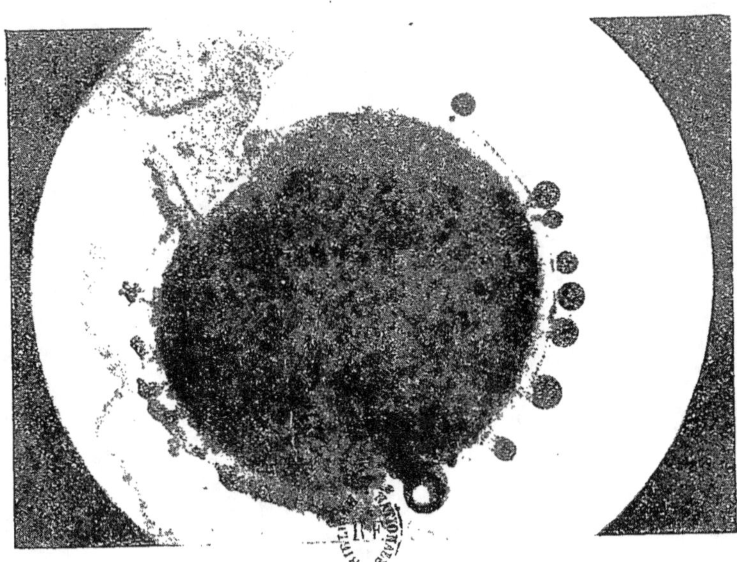

Fig. 2. — *Même grain que figure 1, vu à un plus fort grossissement.*

[p. 60**]

capables de brûler avec une flamme éclairante. Aucune autre concrétion de l'organisme ne se montre sous cet aspect, il est typique, n'appartient qu'aux calculs biliaires et est leur apanage presque constant, réserves faites pour les calculs hémolytiques qui, comme nous le verrons, diffèrent entièrement des autres.

Examinons maintenant quelques types de calculs biliaires.

Voici un calcul purement cholestérinique trouvé à l'autopsie d'une vieille femme, que je dois à l'obligeance de mon collègue et ami, le Dr Troisier, et qui nous donne un spécimen tout à fait accompli du calcul cholestérinique radiaire d'Aschoff et Bacmeister. Il est oblong, gros comme une petite noix, légèrement grenu à sa surface, sa coloration est d'un blanc d'ivoire depuis la périphérie jusqu'au centre, et par sa transparence il ressemble à une grosse boule de gomme. C'est là un très beau type de calcul aseptique développé dans une vésicule de stase. (Pl. II, p. 60, fig. 1.)

De formation toujours très lente, ces concrétions cholestériniques peuvent évoluer non seulement dans la cavité vésiculaire, mais même dans l'épaisseur de ses parois au niveau des invaginations décrites à tort sous le nom de canaux de Luschka : ce sont des calculs *intramuraux* décrits et figurés par Aschoff et Bacmeister. (Pl. III, p. 80.)

Souvent ces calculs solitaires et aseptiques n'ont pas d'histoire clinique. Pendant de longues années ils évoluent silencieusement et ce sont eux que l'on a si souvent l'occasion de trouver à l'autopsie des vieilles femmes de la Salpêtrière. Mais ne nous fions pas à cette fréquente innocuité, nous verrons plus tard qu'ils peuvent donner lieu à de graves accidents soit par infection biliaire surajoutée, soit par fistule cystico-duodénale et migration intestinale.

Dans d'autres cas très nombreux, autour du noyau cholestérinique primitif, se déposent par le fait de l'infection des couches stratifiées pigmentaires ou calciques. Sur une coupe du calcul, on peut dire que toute l'histoire clinique de celui-ci se trouve inscrite : noyau cholestérinique et aseptique ou au contraire noyau pigmentaire et infecté, zones progressives d'accroissement correspondant aux poussées infectieuses et se déposant souvent aux deux extrémités du calcul, à ses pôles pour ainsi dire, ou surtout à son extrémité centripète comme dans ce que j'ai appelé la *thrombose cholédocienne*, très analogue au processus des thromboses veineuses.

Ces variétés de composition chimique nous expliquent l'aspect si polymorphe des calculs biliaires ainsi que les colorations si variées et si belles parfois que montrent leurs coupes avec leurs aspects de marbre, d'agate ou de matières dures. (Pl. II, p. 60, fig. 3, 4, 5, 6, 7.)

Plus les cholélithes se chargent de chaux ou de pigments, plus ils deviennent lourds et consistants, cessent de flotter, ne brûlent plus qu'incomplètement, sans flamme éclairante, et laissent après combustion une cendre minérale et calcique.

Ces *calculs mixtes* sont toujours infectés et s'opposent aussi bien en pathologie qu'en anatomie pathologique aux calculs cholestériniques aseptiques.

Au point de vue de leurs *formes* les calculs biliaires peuvent se ranger en trois groupes :

Les calculs *solitaires* ou peu nombreux qui se moulent sur la cavité qui les contient, calculs ovoïdes de la vésicule,

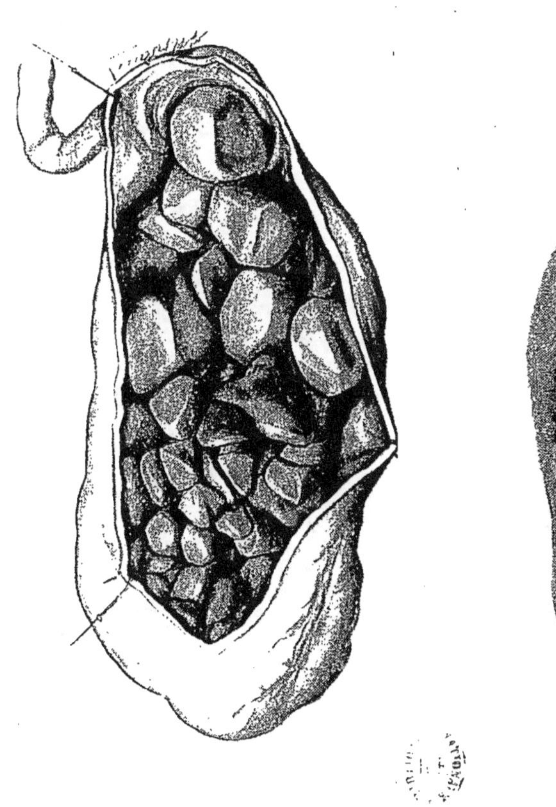

Figure 1

Vésicule bourrée de calculs à facettes. Grandeur nature.

Figure 2

Radiographie de la même vésicule non incisée.

(Cliché du Docteur RONNEAUX)

calculs plus ou moins cylindriques ou en *bout de cigare* du cholédoque, calculs ramifiés des canaux intra-hépatiques.

Dans une autre variété, très commune et de grande importance clinique, les calculs sont *à facettes*, plus ou moins pyramidaux ou cubiques, et ressemblent un peu par leur volume et leur forme à des grains de maïs ou de grenade. Toujours très nombreux et se comptant parfois par milliers, ces calculs correspondent probablement à un processus spécial de concrétion intra-muqueuse primitive, avec libération secondaire dans la cavité vésiculaire et présentent dans leur histoire clinique des particularités sur lesquelles nous aurons à revenir [1].

Quand ces calculs multiples, et d'abord sphéroïdaux, sont arrivés à leur complet développement, ils s'emboîtent entre eux, *s'articulent*, pour ainsi dire, par leurs surfaces de contact, et remplissent la cavité vésiculaire qui se moule sur eux et dont la face interne en garde l'empreinte. (Pl. III, fig. 1 et 2, p. 62.)

Plus rarement on peut saisir les débuts de cette évolution, comme sur une curieuse pièce opératoire que j'ai fait reproduire. (Pl. IV, p. 64, fig. 1.) La vésicule, déjà épaissie et enflammée, n'était pas sous tension et restait encore flasque ; elle contenait un magma épais, d'aspect mucoïde, qui englobait une multitude de petits *calculs en miniature*, grenus, demi-transparents et teintés par la bile, ayant le volume de grains de plomb de différents calibres. Quelques-uns, plus avancés dans leur développement, présentaient déjà l'aspect polyédrique typique. Nul doute que ce fût là

---

1. Dans un cas de A. Schackrev 14 000 calculs ont pu être dénombrés. Cela semble le chiffre le plus élevé actuellement publié.

le degré initial d'un processus qui, avec le temps, aurait abouti à une vésicule bourrée de calculs à facettes.

Enfin, les calculs plus ou moins irréguliers ou globuleux, peu nombreux en général, et que l'on peut exceptionnellement voir s'éliminer *par l'intestin*.

Signalons, à titre d'exception, les lithiases *d'origine vermineuse*, où cholestérine, pigments et sels de chaux se conglomèrent autour de débris ou d'œufs d'ascaris. Les faits de ce genre, rares en Europe, ont été assez fréquemment observés en Indo-Chine et au Japon. De même, chez les bovidés, la distomatose biliaire est assez souvent le point de départ d'une lithiase secondaire.

Cette lithiase des bovidés, de nature franchement inflammatoire, a du reste des caractères très particuliers. Elle se développe dans les canaux biliaires plutôt que dans la vésicule, et prend un aspect lamellaire, foliacé. D'après une analyse que j'en ai fait faire par Grigaut, il a été trouvé 58 pour 100 de matière organique et 42 pour 100 de matière minérale. La matière organique est essentiellement formée d'albumines constituées surtout par de la *mucine*. Traces de cholestérine 1 gr. 5o pour 1000, et traces de pigments biliaires. La matière minérale est du phosphate de chaux avec traces de magnésie et de fer.

Enfin n'oublions pas que des *entérolithes*, parfois volumineux, peuvent être rejetés par voie fécale et confondus avec des calculs biliaires. Un des plus beaux cas de ce genre a été relaté par R. Glénard et à Grigaut[1]. Le calcul, gros comme une petite noix, était homogène sur la coupe,

---

1. R. GLÉNAUD et A. GRIGAUT. Concrétions intestinales en imposant pour des calculs biliaires, chez un malade atteint de coliques hépatiques. *Bull. de la Soc. de Biol.*, 1914, p. 727.

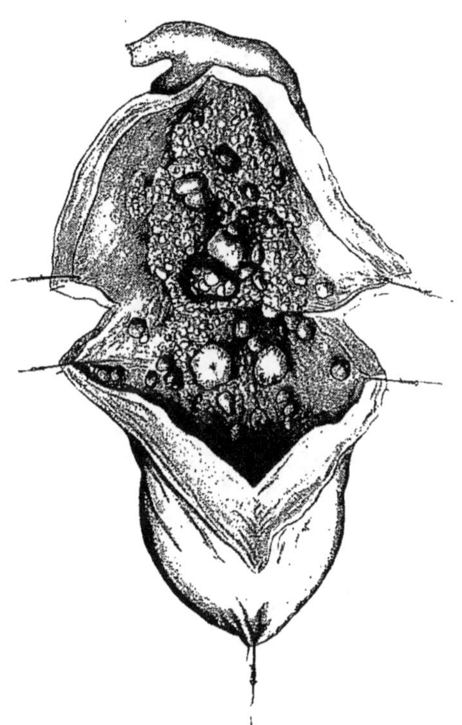

Figure 1. — *Calculs à facettes à l'état naissant, et englobés dans un magma mucoïde.*

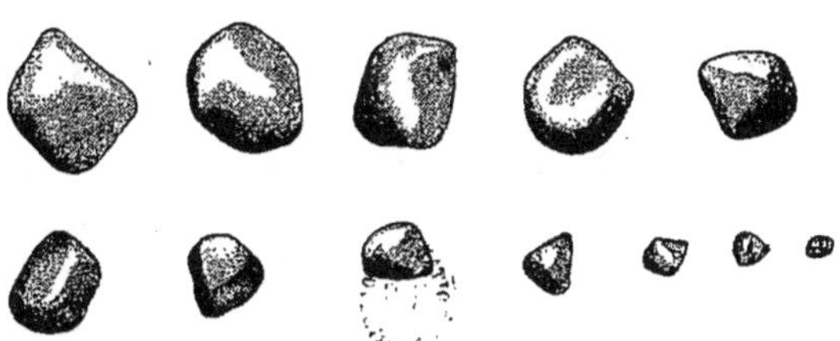

Figure 2. — *Différents types de calculs à facettes, grandeur nature.*

[p. 64]

friable, sans radiations, ni stratifications, ni centre diffé-
rencié.

Bien que sa teneur en cholestérine fut très faible (1 gr 25
pour 100), il brûlait avec une flamme éclairante à cause
de sa richesse en graisses (24 gr. 66 pour 100).

Il faudra donc toujours, en cas de doute possible, recourir à l'analyse chimique.

Il est une variété très spéciale de calculs biliaires qui,
par leur pathogénie aussi bien que par leurs caractères
chimiques, méritent une place à part, ce sont les *calculs
pigmentaires hémolytiques*. On sait, depuis le travail de
Minkowski en 1900, que les malades atteints d'ictère congénital avec splénomégalie présentent fréquemment des
crises douloureuses très analogues à la colique hépatique,
et qui reconnaissent pour cause la présence dans la vésicule
de calculs pigmentaires. C'est ce qui a été constaté pour la
première fois à l'autopsie d'un des malades de Minkowski.
Ces réactions vésiculaires douloureuses au cours de l'ictère
hémolytique congénital sont assez communes pour que
j'aie pu les constater 7 fois sur 18 cas observés par moi.

Mais en outre, chez un de mes malades, ces crises de
colique hépatique par leur répétition, par leur intensité,
par les accidents d'infection biliaire qui s'y sont associés,
s it devenues assez graves pour que j'aie cru devoir con-
se ller une intervention chirurgicale.

La vésicule incisée contenait 32 calculs d'un volume
variant entre celui d'un pois et celui d'une noisette ; il
existait en outre dans une bile épaisse, noire, et ressem-
blant à de la confiture de mûres, près d'un millier de très
petites concrétions analogues à de la cendrée. Ces calculs
et cette boue biliaire remplissaient complètement la vési-

cule et le cystique, le cholédoque étant resté perméable.

La couleur de ces calculs était très particulière, d'un noir presque pur, à reflets brillants et comme métalliques, donnant à ces concrétions l'aspect de masses de graphite ou de minerai. (Pl. V, p. 66, fig. 4.)

Leur forme était irrégulière et ils se montraient comme des conglomérats polymorphes, anguleux ou grenus, peu cohérents, et se désagrégeant par dessiccation.

Leur analyse chimique a été faite par M. Grigaut et c'est la première de ce genre qui ait été publiée.

« Les calculs d'une teinte noire verdâtre prennent une coloration rouille après pulvérisation ; la poudre examinée au microscope est verte par réflexion et rouge par transmission. Ils sont plus lourds que l'eau et brûlent sans fondre ni s'enflammer ; leur densité est de 1,51 ; l'alcool, l'éther, le chloroforme, même à chaud, ne leur enlève aucune matière colorante, et l'analyse qui suit les montre formés en majeure partie de bilirubinate de chaux. Les chiffres se rapportent à 100 grammes de calculs :

Eau	7 gr. 46
Cholestérine et graisses.	4 gr. 89
Sels biliaires.	6 gr. 73
Mucus et matières organiques diverses.	11 gr. 60
Bilirubine	51 gr. 36
Matières minérales : CaO.	9 gr. 32
Traces de magnésie, de phosphates et carbonates.	

(Analyse faite par A. Grigaut.)

De l'analyse qui précède ressort nettement, ainsi que je l'ai dit ailleurs[1], le caractère très spécial au point de vue

---

[1]. CHAUFFARD. Cholélithiase pigmentaire dans un cas d'ictère con. génital et hémolytique. Analyse chimique des calculs. *Bull. et Mém. de la Soc. Méd. des Hôp. de Paris,* 12 juillet 1912, p. 80.

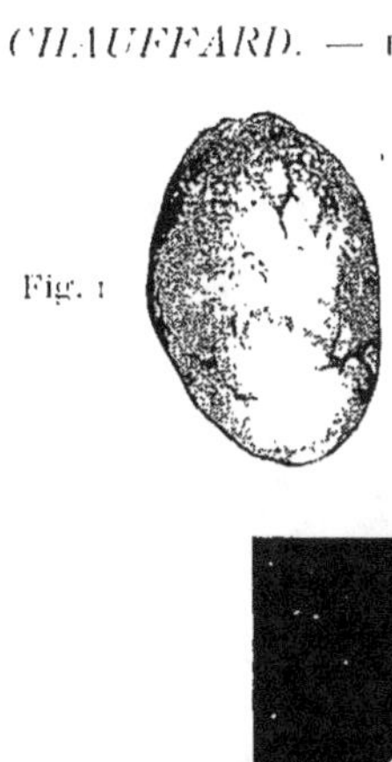

Fig. 1

Fig. 2

Fig. 1, 2 et 3
Calculs du cholédoque.

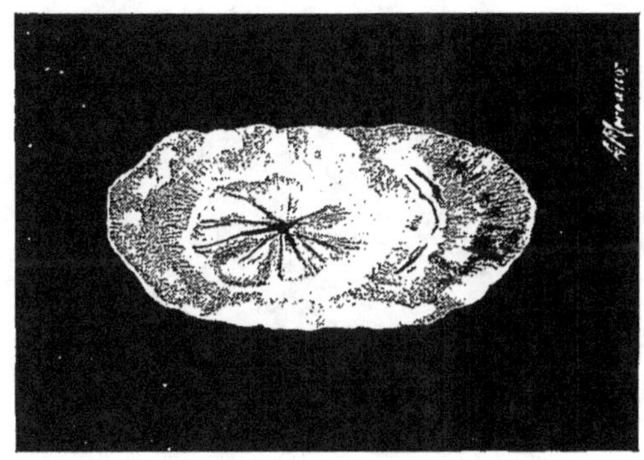

Fig. 3

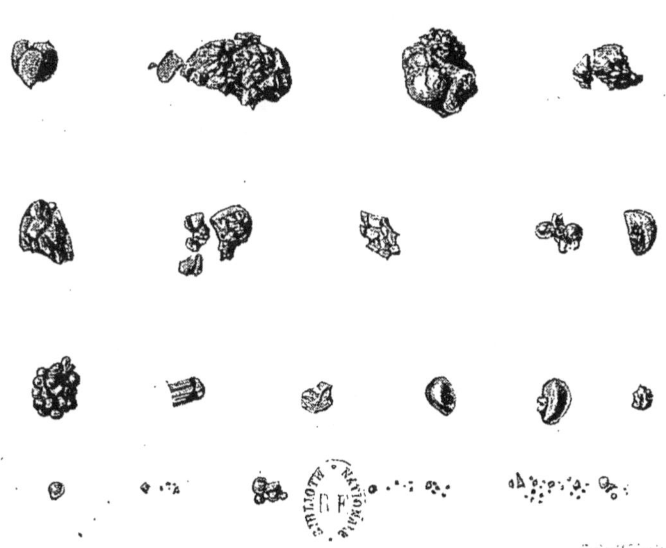

Fig. 4. — *Calculs hémolytiques, formés surtout de bilirubinate de chaux.*

[p. 66]

chimique de ces calculs des ictériques congénitaux. Ils sont vraiment formés de *bile concrétée*, mais si la cholestérine et les acides biliaires s'y trouvent entraînés en faible proportion, c'est bien le *bilirubinate de chaux* qui en constitue la majeure partie, près de 60 pour 100. L'hémoglobine mise en liberté par l'érytrolyse semble être dissociée par le protoplasma de la cellule hépatique, l'élément ferrugineux étant retenu et fixé sur place sous forme de sidérose hépatique, tandis que, après réduction de la partie restante de la molécule hémoglobinique, la suractivité de la bilirubinigénie se traduit par l'aspect noirâtre épais et grumeleux de la bile, par la précipitation et la tendance à l'agglomération en calculs du bilirubinate de chaux. Cette nature chimique si spéciale des calculs dans l'ictère hémolytique congénital est donc en rapport intime avec la composition modifiée de la concrétion biliaire et là encore, comme pour les autres variétés de cholélithiase, la cellule hépatique conserve son rôle d'organe intermédiaire entre l'état du sérum et le produit de sécrétion ; *le cholélithe est comme le reflet de l'équilibre chimique de la bile.*

Cette formule est, je crois, d'une vérité très générale, et elle s'applique non seulement à la cholestérine, aux pigments, aux sels biliaires, mais aussi aux substances albuminoïdes, aux *nucléoprotéides*, dont les recherches de L. d'Amato[1] ont montré le taux surélevé dans la bile après l'action sur le foie de différents poisons, alcools éthylique et amylique, acide acétique, acide butyrique, et qui se trouvent en quantité faible dans les calculs cholestériniques purs, en quantité élevée dans les calculs infectés.

1. L. D'AMATO. La calcolosi epatica. Patogenesi. *XXIIIe Congrès de Médecine interne,* Rome, décembre 1913.

On peut dire que telle est la conclusion générale qui se dégage de l'étude comparative des diverses variétés de calculs biliaires.

La *bile stagnante*, mais non infectée, pauvre en sels biliaires, riche en cholestérine, produit le calcul cholestérinique radiaire d'Aschoff et Bacmeister formé par concrétion intra-vésiculaire, pouvant plus tard par le fait d'une infection surajoutée s'envelopper de son manteau de chaux ou de pigments.

La *concrétion cholestérinique intra-muqueuse*, aseptique, à foyers multiples, produit probablement les calculs à facettes, toujours très nombreux, et pouvant envahir la totalité de l'arbre biliaire. L'aspect à facettes n'est du reste que tardif; les calculs, d'abord sphéroïdaux et multiples (voir Pl. IV), ne deviennent polyédriques et à facettes que plus tard, par pressions réciproques.

A la *bile infectée* correspondent les calculs mixtes si variés de formes et d'aspects et qui, par leurs stratifications superposées, nous révèlent les étapes et les mutations du processus lithogène.

Enfin, la *bile pléiochromique*, et probablement stagnante en même temps, donne naissance aux calculs pigmentaires dont l'ictère hémolytique congénital nous offre le type le plus complet.

Le tableau suivant résume les principales variétés morphologiques et évolutives des calculs biliaires.

I. CALCULS DE FORMATION INTRA-VÉSICULAIRE

a) *Par hypercholestérinie biliaire et stase.* Calculs cholestériniques radiaires, aseptiques, solitaires ou peu nombreux;

b) *Par infection.* Calculs pigmentaires, purs ou à couches alternantes de pigment et de cholestérine;

c) *Par hémolyse.* Aseptiques, pouvant être infectés secondairement.

II. Calculs de formation intra-muqueuse.

Toujours multiples et le plus souvent contemporains, tendant à devenir libres dans la cavité vésiculaire, puis à prendre la forme polyédrique par pression réciproque, et pouvant envahir tout le tractus biliaire. *Calculs à facettes.*

III. Calculs intra-pariétaux.

Enchâssés dans de petites logettes creusées dans la paroi épaissie de la vésicule.

Tout ce qui précède s'applique surtout à la cholélithiase des races blanches et peut-être faut-il admettre une variabilité plus ou moins profonde du processus si l'on se reporte à des races différentes et en particulier à la race jaune.

Rien n'est plus curieux à cet égard que le travail récent consacré par Miyake[1] à la lithiase biliaire chez les Japonais.

D'après sa statistique, très étendue, et portant sur 8 406 autopsies de Japonais, la lithiase biliaire est au Japon beaucoup moins fréquente qu'en Europe, et la différence est d'au moins 5o pour 1oo.

Au Japon, comme dans nos races, la prédominance de la maladie chez les femmes est manifeste, mais cependant à un moindre degré. Le pourcentage est chez les hommes de 2,5 pour 1oo ; et chez les femmes de 3,98 pour 1oo. Cette proportion est évidemment plus faible que celle qui est donnée par toutes nos statistiques, et nous avons vu que pour les races européennes la moyenne est environ de 7o pour 1oo chez la femme et 3o pour 1oo chez l'homme.

Si la Japonaise devient moins souvent cholélithiasique

1. H. Miyake. *Archiv. für Klinische Chirurgie,* 1913, Bf. CI. HI.

que l'Européenne, c'est probablement, d'après Miyake, parce qu'elle ne porte pas de corset.

Mais en outre, la lithiase japonaise n'est pas moins différente par ses caractères chimiques : les calculs de cholestérine pure ou à prédominance cholestérinique sont relativement rares, tandis que les *calculs pigmentaires* représentent plus de 5o pour 1oo sur 257 autopsies relevées.

Pour expliquer cette différence de composition chimique, deux causes semblent devoir être invoquées : le Japonais présente avec une particulière fréquence le parasitisme intestinal par les ascarides ou par les distomes. Or, nous savons qu'assez souvent ces parasites intestinaux sont cause d'infection biliaire. Le Japonais serait, par cela même, plus exposé que l'Européen aux calculs infectés mixtes ou pigmentaires.

Mais, de plus, par son régime, il se trouverait également dans des conditions très spéciales. Le Japonais mange peu ou pas de viande et ne se nourrit guère que de végétaux, en particulier de riz et de poisson. Sa bile paraît de composition différente de celle de l'Européen, et très pauvre en cholestérine ainsi qu'en sels biliaires. Ainsi peut-on comprendre que la lithiase du Japonais soit d'un type si spécial et qui se rapproche de très près du *type bovin*.

On voit donc quels enseignements également précieux pour la pathogénie et pour la clinique donne l'étude des cholélithes. Leur examen comparatif nous montre comme en raccourci toute la pathogénie de la lithiase biliaire. Elle nous fait remonter de la chimie à la physiologie pathologique, de la précipitation biliaire à l'activité sécrétoire de la cellule hépatique. Nous pouvons ainsi essayer de définir par l'étude directe des cholélithes les rôles respectifs de l'infection, de la stase et de l'équilibre colloïdal biliaire. L'ensemble de ces notions pathogéniques et l'étude des cholélithes forment un tout nécessaire à connaître pour qui veut aborder fructueusement l'étude clinique de la cholélithiase.

A cette histoire biochimique des cholélithes, peut-être faudra-t-il ajouter un chapitre nouveau qui serait bien intéressant au point de vue de la pathologie générale, la *radioactivité des calculs biliaires.*

D'après Lazarus Barlow [1] les cholélithes sont radioactifs ; mais à des degrés très variables ; activité très faible ou nulle dans les cas de lithiase non compliquée, activité forte quand la vésicule lithiasique a subi la dégénérescence cancéreuse ; quand le cancer siège ailleurs que dans la vésicule, la charge en radium est faible.

Des origines de cette radio-activité nous ne savons rien, mais les dosages de Lazarus Barlow semblent la mettre en évidence. Sous l'action longtemps prolongée de ces doses minimes de radium pourrait naître sur place, dans l'épithélium vésiculaire, une race nouvelle de cellules à division anormalement rapide, et conduisant ainsi à la néoplasie cancéreuse. Ce serait là une bien intéressante explication de ce fait clinique indéniable, et sur lequel nous aurons à revenir, l'origine lithiasique de la plupart des cancers vésiculaires. Mais le fait demande à être vérifié par des recherches de contrôle.

1. W. J. LAZARUS BARLOW. Critical review of the cancer problem, *Medical Science*, novembre 1920, et Radium in gall stones, *Arch. of the Middlesex Hospital*, 1912, 27, 108 — 1913, 30, 87.

CHAPITRE V

LES RÉACTIONS VÉSICULAIRES
LA COLIQUE HÉPATIQUE

Maintenant que nous connaissons la cholélithiase dans ses origines cliniques et pathogéniques, que nous avons étudié les caractères physiques et chimiques des calculs biliaires, il nous faut *situer* dans l'organisme ces calculs, voir quelles réactions symptomatiques et lésionnelles suscitent leur séjour ou leurs migrations. Et ainsi d'abord se pose la question des *réactions vésiculaires* dans la cholélithiase.

Ces réactions sont-elles constantes, ou existe-t-il, à proprement parler, des *lithiases latentes?* Il est classique de parler de la lithiase biliaire latente des vieillards, de citer la fréquence des calculs insoupçonnés trouvés dans les autopsies des vieilles femmes de la Salpêtrière. Mais, en réalité, que savons-nous le plus souvent des antécédents cliniques de ces vieillards? Bien peu de chose, tout au plus qu'il n'y a pas eu dans leur passé de coliques hépatiques franches, et peut-être cela ne nous donne-t-il pas le droit de conclure à la latence antérieure réelle de la maladie.

Des réserves doivent d'autant plus être faites sur ce point qu'il est souvent difficile de préciser où *commence* l'histoire clinique de la cholélithiase, et cependant la question a été posée dans ces dernières années au point de vue des indications chirurgicales, notamment par les chirurgiens anglais.

D'après Moynihan, un diagnostic *précoce* de la cholélithiase est possible, avant l'apparition des coliques hépatiques franches ou à forme gastralgique, et voici d'après quels caractères cliniques. Les « symptômes inauguraux » sont surtout d'ordre digestif : sensation de plénitude et de poids à l'épigastre, d'oppression survenant demi-heure à trois quarts d'heure après les repas ; flatulences et éructations (probablement, nous le verrons, par aérophagie associée); vomissements qui font cesser les différents troubles; intolérance pour certains aliments, notamment les fromages fermentés, les graisses et les œufs; pendant ces périodes de malaises, attitude penchée en avant, et tendance à la flexion de la cuisse droite sur le bassin ; difficulté à respirer à *fond*, et souvent, dans les efforts respiratoires, douleurs profondes sous le rebord costal droit; enfin, pendant les périodes d'indigestion, petits frissons et sensation de chair de poule.

Moynihan conclut que ces symptômes sont suffisants pour établir le diagnostic, et même pour légitimer une intervention précoce qu'il a souvent pratiquée en pareil cas.

Sur ce dernier point je fais toutes réserves, mais je reconnais que les symptômes prémonitoires se retrouvent très habituellement dans l'histoire des malades quand ceux-ci sont interrogés et examinés avec méthode et précision. Il en va sur ce point comme sur bien d'autres, pour la colique hépatique comme pour la crise d'appendicite; le grand épisode aigu est rarement le fait initial, et de petits signes le précèdent et l'annoncent presque toujours. Ochsner et récemment, à Lyon, Cotte et Bressot ont également insisté sur ces dyspepsies *prémonitoires* d'origine biliaire, sur leur variabilité d'aspect clinique, sur leur résistance aux traitements médicaux habituels des dyspepsies, sur la sensibilité profonde de la région sous-costale droite.

De même, Lœper et Forestier[1] insistent sur la variabilité clinique de ces gastropathies par lithiase, sur la prédominance souvent nocturne des douleurs, sur la névrite biliaire et son extension possible au plexus solaire. Nous verrons combien sont fréquentes ces associations morbides des réactions vésiculaires et gastriques et combien est nécessaire et précieux l'apport de la radiologie pour résoudre les difficultés cliniques que soulèvent les cas de ce genre.

Dans un autre ordre de troubles fonctionnels, F. Ramond a signalé, comme signe de petite lithiase fruste, l'affaiblissement du murmure vésiculaire à la base droite, *signe respiratoire* de la lithiase biliaire, et qui peut avoir une réelle importance pour le diagnostic différentiel avec les états douloureux pyloro-duodénaux.

Pour réels qu'ils soient, ces différents symptômes n'en sont pas moins assez vagues, et de valeur douteuse. Je veux bien qu'ils nous mettent en garde, que nous les considérions comme des signes suspects, avertisseurs d'une cholélithiase possible, mais trop souvent leur signification ne se reconnaît qu'après coup, alors que, en remontant

1. M. Lœper et J. Forestier. L'estomac des biliaires. *Journ. Médical français*, 1920, p. 327.

dans l'histoire des malades, on constate leur existence plus ou moins longtemps avant l'apparition des coliques hépatiques.

Dans d'autres cas, c'est plutôt du côté de l'intestin que se localisent les troubles digestifs connexes de la lithiase. Ainsi j'ai eu un malade atteint depuis des années de constipation intense et rebelle à tout traitement, et chez qui l'ablation de la vésicule, rendue nécessaire par une crise grave de cholécystite calculeuse, régularisa définitivement le fonctionnement de l'intestin.

Par une réaction inverse, et très fréquente, les lithiasiques peuvent présenter ce trouble fonctionnel particulier que M. Linossier[1] a fait connaître sous le nom de *diarrhée prandiale des biliaires*. Pendant ou après le repas, et surtout au second déjeuner, le malade éprouve brusquement une vive douleur à l'épigastre ou au niveau de la vésicule, avec sensation de torsion, angoisse, parfois état presque syncopal. Puis apparaissent des tranchées intestinales, et un besoin impérieux, immédiat, de défécation, suivi d'une *débâcle* de bile pure avec brûlure au niveau de l'anus. La crise se termine aussi vite qu'elle est venue, et le repas interrompu peut être repris.

Cette description de M. Linossier est parfaitement exacte, et l'on peut admettre avec lui que ces accidents singuliers, qui ne s'observent guère que chez des nerveux, dépendent d'une *chasse biliaire* brusque, de l'évacuation en jet du contenu d'une vésicule distendue, suivie d'un péristaltisme réflexe aigu de l'intestin qui projette au dehors, pour ainsi dire, un flot de bile, et libère

1. G. LINOSSIER. La diarrhée prandiale des biliaires. *Archives des maladies de l'appareil digestif et de la nutrition*, 1907, p. 125.

du même coup les voies biliaires et le tractus intestinal.

La constatation de cette *diarrhée prandiale* si particulière, si pénible et gênante souvent pour les malades, doit toujours faire suspecter et chercher la cholélithiase.

Si nous faisons un pas de plus dans l'histoire de la cholélithiase, si nous dépassons cette période vague, à limites imprécises, des troubles digestifs prémonitoires, nous trouvons un type clinique très fréquent, de haute valeur, et permettant souvent de porter un diagnostic relativement précoce, c'est la *forme gastralgique* de la lithiase biliaire.

Chez les sujets, sans écart de régime ou cause alimentaire nette, mais souvent après une fatigue physique, des secousses brusques, ou un choc émotif, apparaît une épigastralgie douloureuse, une sensation de constriction, de crampe viscérale; la crise est en général assez tardive par rapport aux repas, elle dure plus ou moins longtemps, se calme ou cesse après des applications chaudes à l'épigastre. Une fois la crise passée, le fonctionnement gastrique redevient normal. Cette allure paroxystique, cette absence de toutes douleurs dans l'intervalle des crises, voilà le fait significatif, celui qui doit nous mettre en garde. Examinons alors notre malade en détail, voyons dans quelles conditions de terrain, de chimisme gastrique et sérique, surviennent ces soi-disant gastralgies, et nous pourrons le plus souvent préciser l'origine biliaire des accidents. En réalité, il s'agit déjà là de véritables coliques hépatiques, à forme fruste, et ne se décelant que par un signe que nous retrouverons dans l'étude des formes typiques, l'épigastralgie.

Récemment, on a voulu donner de ces formes gastralgiques une nouvelle interprétation, et les considérer comme l'effet d'un *gastrospasme* réflexe, pouvant porter sur la région pylorique, comme l'ont admis Büttner en 1910, puis Holzknecht et Luger[1], ou déterminer, d'après Schlesinger[2] un *gastrospasme total*, constatable à l'écran radiologique; l'estomac se contracte dans sa totalité, remonte, la chambre à air diminue ou s'efface; le même syndrome pourrait se constater dans les crises appendiculaires, néphrétiques, et en général dans tous les états abdominaux douloureux à localisation épigastrique.

L'hypothèse est intéressante, et mérite d'être vérifiée. Je dois dire que dans deux cas de colique hépatique que j'ai examinés avec M. Ronneaux en état d'épigastralgie, nous n'avons rien vu de pareil, et l'estomac paraissait plutôt en hypotonie.

Par contre, chez un homme de 40 ans, atteint de crises gastralgiques d'origine lithiasique, dont une s'était accompagnée d'ictère, se produisait pendant chaque crise une sensation d'*ondulations internes*, partant de l'hypochondre gauche pour aller vers la droite, et revenir ensuite de droite à gauche, et qui paraissait bien en rapport avec un état de gastrospasme.

Dans l'échelle ascendante des syndromes douloureux d'origine lithiasique, nous trouvons enfin la *colique hépatique*, c'est-à-dire la plus typique des *réactions vésiculaires*

<hr>

1. G. Holzknecht et A. Luger. Zur Pathologie und Diagnostik des Gastrospasmus. *Mitteil. aus den Grenzgebieten der Med. und Chir.*, 1913, XXVI, 4.

2. Emmo Schesinger. Totaler Gastrospasmus, rüntgenalogisch nachgewiesen, bei Cholecystis und Cholelithiasis. *Berliner Klin. Woch.*, 24 juin 1912, p. 1223.

provoquées par les calculs biliaires. Ces réactions s'ordonnent en une série progressive qui part du simple trouble fonctionnel et spasmodique, presque dépourvu de tout état inflammatoire, passe par les processus inflammatoires aigus ou chroniques, pour aboutir enfin, au point culminant de son évolution, à la dégénérescence néoplasique secondaire de la vésicule.

Toutes ces réactions sont profondément modifiables, suivant les cas, dans leurs formes et dans leurs degrés, et elles nous expliquent la variabilité si grande des aspects cliniques de la cholélithiase.

Dans tout ce processus, la vésicule joue un rôle prépondérant; foyer habituel de la formation calculeuse, elle est aussi le centre des réactions fonctionnelles et lésionnelles, le point de départ des infections secondaires. Je ne crois pas, pour ma part, qu'il y ait de *colique hépatique sans participation vésiculaire*, et je ne puis admettre que sous réserves la création d'un type spécial de colique hépatique, la *colique vésiculaire*, telle qu'elle a été individualisée en 1898 par M. Gilbert, et décrite en 1910 par son élève M. Parturier [1].

D'après ces auteurs, la colique vésiculaire se caractérise cliniquement par la répétition des crises douloureuses, l'absence d'ictère, la non-élimination de calculs par les fèces, la tuméfaction passagère de la vésicule pendant la crise.

Tout cela est vrai et connu depuis longtemps, mais ce tableau clinique si fréquent mérite-t-il une place à part, forme-t-il une variété autonome? Je ne le crois pas, et la

---

1. Parturier. La colique vésiculaire. *Thèse de Paris*, 1910.

clinique de chaque jour nous offre toutes les combinaisons possibles. Tel sujet n'a que des crises rares, très espacées, et elles n'en ont pas moins le type vésiculaire. Tel autre a des crises répétées mais dissemblables, les unes sans ictère, et les autres, intercalées, avec ictère. De plus, nous verrons combien souvent l'ictère qui succède à la colique hépatique reste indépendant de toute migration calculeuse, et relève en réalité d'une angiocholédocite. Et quant à l'élimination fécale des cholélithes, elle correspond, dans l'immense majorité des cas, non pas à un type de colique hépatique, mais à un *type de calculs*, les *calculs à facettes*.

Pour toutes ces raisons, je crois qu'opposer la colique vésiculaire à la colique hépatique franche est chose artificielle et peu conforme à la réalité clinique. Mais le mot est commode et peut être conservé pour des coliques hépatiques sans ictère, si l'on veut bien en comprendre la valeur relative, et ne pas oublier que *toutes les coliques hépatiques sont plus ou moins vésiculaires*.

Qu'est-ce donc qu'une colique hépatique, et quels signes vont nous en permettre le diagnostic ?

Avant tout, ces signes sont dus à des *réactions douloureuses*, et sur ce point, notre analyse moderne a fait de grands progrès. On peut dire que c'est l'étude de l'appendicite qui, depuis vingt-cinq ans, nous a appris à bien explorer un ventre, à rechercher les points douloureux, à en reconnaître la multiplicité possible, les localisations électives, les associations fréquentes.

La valeur clinique d'un point douloureux dépend de la netteté avec laquelle on le constate et le localise, et aussi, ce qui complique souvent les choses, de la *réactivité nerveuse* du sujet. Le point douloureux c'est le signal d'alarme, mais il est rare *qu'à lui seul* il permette de porter un diagnostic ferme; il a besoin d'être corroboré par des constatations réitérées, par la recherche aussi d'autres signes associés. Mais, sous ces réserves, la détermination des points douloureux est de la plus grande valeur pour le diagnostic de la colique hépatique.

La douleur, en matière de colique hépatique, est avant tout une douleur *spontanée*, une des plus cruelles que l'on puisse subir; elle éclate tantôt brusquement, et tantôt d'une façon plus progressive, en général dans la seconde moitié de la nuit, et quelquefois avec une singulière régularité horaire; un de mes malades, observateur méthodique, avait noté que sur 33 crises qu'il avait éprouvées, 31 fois la douleur avait éclaté vers 3 heures du matin. Cette échéance tardive par rapport aux repas correspond probablement à la chasse biliaire qui se produit au moment de la digestion intestinale.

Les malades décrivent leurs douleurs tantôt comme une sensation de constriction, de crampe, d'écrasement épigastrique et prévertébral; tantôt, au contraire, comme une ampliation excessive de la région hépatique, il leur semble que leur foie va éclater, que leur vésicule est tendue, qu'ils ont une masse douloureuse et lourde au-dessous du rebord costal droit.

Ils se tiennent pelotonnés dans leur lit, ou assis et penchés en avant, cherchant toujours, par leur attitude, à détendre le plus possible leur paroi abdominale.

La douleur est à la fois continue et paroxystique, sourde et profonde, ou exacerbée par des sortes d'ondes pulsatiles et suraiguës.

En même temps qu'elle a son siège maximum dans les régions de la vésicule et de l'épigastre, elle se propage par des irradiations en général ascendantes vers l'épaule et vers le dos, en des points que nous aurons bientôt à préciser.

Pour peu que la crise soit un peu aiguë ou prolongée, apparaissent des troubles digestifs associés, nausées, vomissements, alimentaires d'abord puis bilieux et parfois très abondants, comme par une sorte de polycholie et d'inversion du type normal de l'élimination biliaire.

L'aspect clinique de ces troubles gastriques peut être modifié par l'adjonction de l'*aérophagie paroxystique* survenant au cours des crises hépatiques franches ou à forme gastralgique. Cette complication est loin d'être rare, et Mauban [1] sur 56 cas d'aérophagie en trouve 26 imputables à la cholélithiase, soit 46 pour 100, et sur un total de 114 lithiasiques 26 aérophages, soit 22,8 pour 100.

Ces malades, du fait de l'éréthisme douloureux vésiculaire et gastrique, deviennent des aérophages *occasionnels*, et il peut y avoir là au point de vue clinique une cause d'hésitation si on ne dissocie pas les deux processus pour faire à chacun d'eux la part qui lui revient.

La valeur de ces réactions douloureuses spontanées se complète par la recherche des *points douloureux à la pression*. Mais ici, chez le malade en pleine crise, soyons prudents, et ne l'explorons que d'une main légère; assurons-nous seulement qu'il souffre dans les régions épigastrique et vésiculaire, explorons la sensibilité de son appendice et de ses reins, et attendons. C'est plus tard, quand l'orage

---

1. H. Mauban. *Arch. des mal. de l'appareil digestif et de la nutrition*, avril 1913, p. 211.

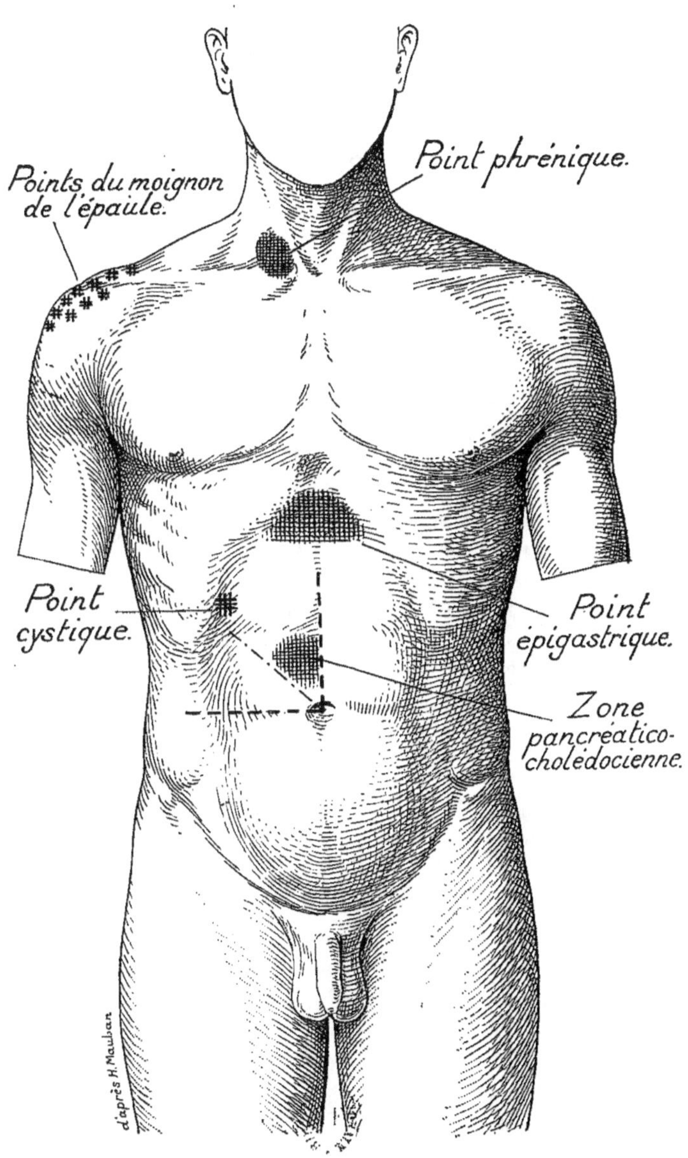

Points douloureux antérieurs dans la colique hépatique.

[p. 82]

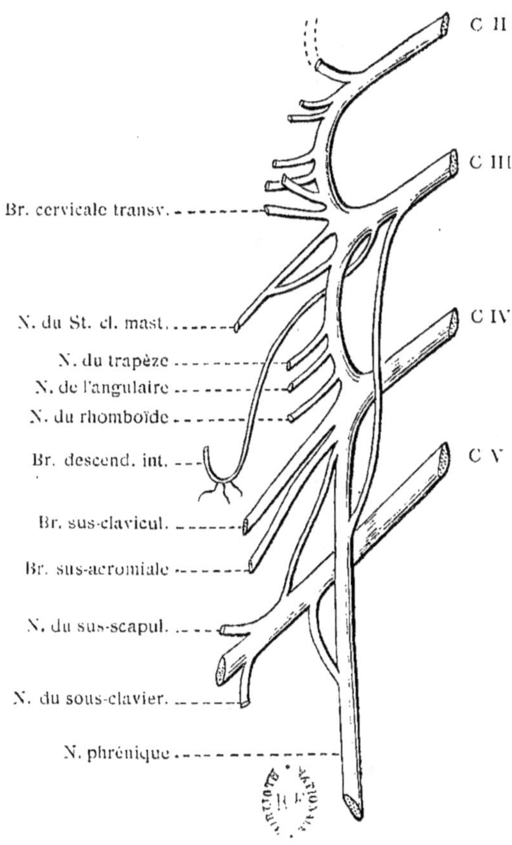

Origines et branches anastomotiques du nerf phrénique droit, expliquant les irradiations douloureuses scapulaires et thoraciques de la colique hépatique.

[p. 82]

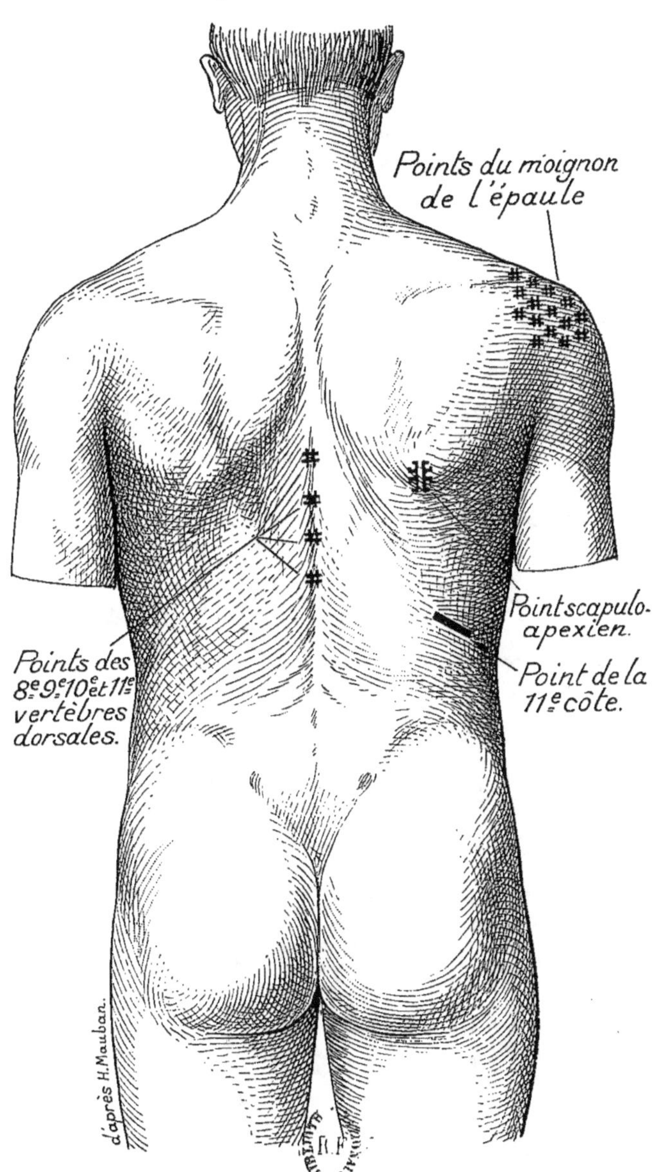

Points douloureux postérieurs dans la colique hépatique.

[p. 82]

sera déjà en partie calmé, que nous pourrons faire un examen plus complet. Il nous permettra de constater l'existence d'une série de *points douloureux typiques*.

En avant, il est classique de chercher le point *épigastrique* ou plutôt *cœliaque*, et le point *cystique* ou *vésiculaire*, au-dessous de la partie moyenne du rebord costal droit, et dans l'angle formé par le rebord et le bord externe du muscle grand droit.

J'ai eu souvent l'occasion de constater que le point maximum de la douleur provoquée correspond non pas *au fond* de la vésicule, mais à un point situé à environ 2 travers de doigt plus haut et plus en dehors, à l'extrémité supérieure de l'axe médian de la vésicule, c'est-à-dire au niveau du *col cystique*. Nous verrons que l'anatomie pathologique confirme cette interprétation clinique. Au contraire, en cas de cholécystite plus ou moins aiguë ou de péricholécystite, *toute la vésicule* est douloureuse à la pression.

Outre ces deux points habituels s'observent souvent des névralgies intercostales dans les 9ᵉ, 10ᵉ et 11ᵉ espaces, et une zone d'*hyperesthésie cutanée*, correspondant à une zone d'innervation de Head, dont nous trouverons l'origine en arrière au niveau des 8ᵉ, 9ᵉ, 10ᵉ et 11ᵉ dorsales.

La pression à l'extrémité de la 11ᵉ côte droite révèle souvent une vive douleur, et M. Binet a bien montré la très grande valeur de ce « point de la 11ᵉ côte ».

A ces points douloureux antérieurs, j'en ai ajouté deux autres dont je crois que l'importance n'est pas moins grande.

L'un d'eux correspond à ce que j'ai appelé la *zone pan-*

créatico-cholédocienne, et dont la figure ci-jointe [1] montre la situation.

Souvent ce point douloureux est aussi net, aussi aigu, aussi circonscrit que le point de Mac Burney dans l'appendicite. Il constitue un excellent signe de cholélithiase, mais n'implique nullement l'existence à son niveau d'une lésion localisée, calcul du cholédoque par exemple, ou pancréatite. Je le considère comme une simple *irradiation douloureuse*, comparable aux points urétéraux ou rectaux de la lithiase rénale.

Le point *phrénique droit* est également un signe irradié à distance, et au niveau du tronc nerveux, entre les deux chefs du sterno-mastoïdien, la pression digitale provoque une réaction douloureuse très nette. Ce signe, peu signalé je crois jusqu'à présent, me semble de grande importance pour le diagnostic des crises vésiculaires, des cholécystites, des états hépatiques douloureux en général, pour leur différenciation d'avec les crises d'origine appendiculaire ou pylorique. Un de mes malades se plaignait que, chaque matin, en le rasant, son barbier provoquait une douleur à la base du cou du côté droit; il avait son phrénique en état d'hyperesthésie douloureuse, et la pression nécessaire pour tendre à ce niveau les téguments lui causait une souffrance qu'il ne s'expliquait pas.

A la douleur phrénique se rattachent les irradiations *sus-claviculaires*, *sus-deltoïdiennes* et parfois même *sus-*

---

1. M. H. Mauban a bien voulu établir, d'après mes indications, ces figures qui montrent les localisations douloureuses de la cholélithiase. Je le remercie pour son très habile et obligeant concours.

mammaires, dont on connaît la fréquence dans toutes les algies à point de départ hépatique.

En arrière, existent également plusieurs points doulou-reux, que tantôt l'examen seul révélera, et qui dans d'autres cas seront perçus et signalés par les malades. Ces points répondent à la *pointe du scapulum droit*, un peu *au-dessous* de celle-ci, et aux apophyses épineuses *des* 8ᵉ, 9ᵉ, 10ᵉ *et* 11ᵉ *dorsales* [1].

Rien de plus variable, du reste, de plus *personnel*, que la localisation de ces réactions douloureuses. Chez une de mes malades chaque crise se traduisait par une douleur thoracique transversale, *en barre*, et qui aurait pu en imposer pour une forme anormale d'angine de poitrine. Une autre, et le cas n'est pas rare, souffrait toujours *à gauche*, en plein hypocondre, et l'opération en donna l'explication en décelant l'existence d'une pancréatite sclé-reuse d'origine lithiasique, affection dans laquelle l'irradia-tion gauche de la douleur est habituelle.

Toutes ces localisations douloureuses de la colique hépa-tique devront être cherchées *prudemment*, avec douceur, par des pressions progressives, localisées, faites sans bru-talité.

Leur recherche devra *toujours* être complétée par un *examen méthodique de tout l'abdomen :* exploration de l'ap-pendice, des régions rénales, du côlon, des annexes utérins chez la femme; un ventre doit toujours être exploré dans son ensemble, c'est le seul moyen d'éviter bien des erreurs de diagnostic, et de reconnaître des associations lésion-nelles que la clinique montre fréquentes.

1. JAMES MACKENSIE. *Symptoms and their interpretation.* Londres, 1909.

En même temps que nous explorerons le point cystique, nous demanderons à la palpation de nous renseigner sur l'état de la vésicule, et notamment sur son *degré de turgescence.* Par la palpation bimanuelle nous rechercherons le *ballottement* de la vésicule augmentée de volume; en appliquant les doigts de la main droite *au-dessous* du foie, qui sera soutenu en arrière et ramené en avant par la main gauche, et en faisant faire une grande inspiration au malade, nous sentirons la vésicule, si elle est augmentée de volume, descendre et devenir perceptible comme un corps ovoïde ou globuleux, tendu et turgescent, très douloureux. Nous chercherons à en reconnaître le fond *arrondi*, pour ne pas le confondre avec une déformation fréquente du bord hépatique chez les lithiasiques, la *languette de Riedel*, au niveau de laquelle on peut par une palpation délicate reconnaître un rebord plus ou moins mousse.

La turgescence douloureuse de la vésicule est un signe de premier ordre pour le diagnostic et aussi pour le pronostic et le traitement des coliques hépatiques prolongées et graves.

L'abaissement inspiratoire du foie et de la vésicule provoque toujours du reste au moins de la douleur, si en même temps l'extrémité de la main droite appuie profondément sur la région vésiculaire, et c'est ce qu'on appelle le *signe de Murphy*. C'est une manœuvre d'examen clinique qui doit toujours être employée.

Toutes ces réactions douloureuses peuvent, suivant les cas individuels, s'associer ou se combiner en proportions variables, d'où l'aspect clinique très différent que peuvent revêtir les accidents lithiasiques.

En outre, à la colique hépatique peuvent exceptionnellement se surajouter des troubles nerveux, d'ordre dynamogénique comme les faits de tétanie cités par M. Gilbert, ou d'ordre paralytique. Chez un de mes malades apparut, pendant la période la plus aiguë de la crise, une paralysie éphémère du membre inférieur droit, qui s'effaça ensuite sans laisser de traces.

Les *réactions vaso-motrices* sont beaucoup plus fréquentes, sous forme de frissons, de sensation de chair de poule, et cela même en dehors de tout accès fébrile d'infection biliaire. Cette notion du frisson concomitant est un des bons moyens de diagnostic rétrospectif quand on n'a pas été témoin de la crise et que l'on n'en peut juger que sur renseignements.

Chez certains malades, il semble que la symptomatologique soit d'ordre surtout *végétatif*, et qu'il faille attribuer aux systèmes sympathique et parasympathique les troubles du rythme cardiaque, palpitations ou bradycardie, la dyspnée, l'angoisse, les troubles vaso-moteurs périphériques, ischémiques ou acro-asphyxiques [1].

Dans des cas plus rares, le spasme vaso-moteur porte non seulement sur la grande circulation, mais aussi sur les circulations pulmonaires, comme l'ont vu Potain, P. Teissier, Barié; la tension s'élève dans le réseau de l'artère pulmonaire, d'où une série ascendante de signes, qui commence par l'élévation du second ton pulmonaire, et peut entraîner le bruit de galop droit, ou même un souffle triscupidien systolique avec hyposystolie d'origine biliaire.

1. B. Udaondo et G. Goñalons. Sobre algunas reacciones del sistemes vegetativo en la lithiasis biliar. *Pressa Medica Argentina*, 10 juin 1910, p. 7.

Bien d'autres incidents peuvent encore modifier les allures symptomatiques de la colique hépatique; ce sera, par exemple, une péricardite, comme dans les faits d'Oddo, ou une albuminurie passagère et parfois abondante. Ainsi chez une malade de M. Ribierre, âgée de 66 ans, ancienne lithiasique, mais sans signes de lésion rénale, on constate, « vingt-quatre heures après le début d'une crise de colique hépatique et la crise durant encore, une albuminurie massive, atteignant le chiffre de 5 grammes par litre. Le syndrome douloureux se calme quelques heures plus tard : dès le lendemain, l'albuminurie tombe à quelques centigrammes, et en trois à quatre jours, l'urine n'en présente plus de traces ». A coup sûr d'aussi grosses albuminuries sont rares, mais Naunyn considère l'albuminurie comme un incident fréquent au cours de la colique hépatique. Nous ne devrons donc jamais négliger de la rechercher.

Chez un de mes malades, lithiasique depuis 17 ans, j'ai vu au cours d'une crise de colique hépatique un zona aigu typique se développer exactement au niveau du rebord hépato-vésiculaire. Le fait est certainement exceptionnel, et il confirme les idées de Head sur les relations cliniques qui associent les innervations viscérales aux segments correspondants de distribution nerveuse cutanée.

Dans un cas du même genre, publié par Bécus[1], le zona s'était développé sur le territoire des 8e et 9e nerfs intercostaux du côté droit, huit jours après une colique hépatique violente et fébrile.

Voilà les éléments fondamentaux qui constituent la crise de colique hépatique; mais ils sont loin d'être les

1. Bécus. *Bulletin et Mémoires de la Société médicale des Hôpit. de Paris*, 7 février 1913, p. 333.

seuls dont notre examen clinique ait à tenir compte, et *quatre questions* doivent encore être posées à propos de chaque malade, soit à titre de constatation actuelle, soit comme renseignement rétrospectif.

La crise a-t-elle été accompagnée ou suivie de *subictère* ou d'*ictère*? Les téguments ou tout au moins les conjonctives ont-ils pris la coloration jaune typique?

Les urines ont-elles été modifiées, sont-elles pendant un jour ou deux, ou plus longuement, devenues brunâtres, couleur d'acajou ou de bière de Munich?

Par contre les maladies fécales se sont-elles décolorées, ont-elles pris l'aspect grisâtre ou mastic?

Enfin, la crise s'est-elle compliquée d'une *fièvre* en accès ou plus ou moins continue?

Les trois premières questions caractérisent l'origine *biliaire* des accidents, et la dernière implique la notion d'une infection concomitante des voies biliaires.

Voilà les grands points de repère, ceux auxquels il faut toujours se reporter, et, pour sortir du caractère un peu impersonnel de cet exposé théorique, voici résumée l'histoire de trois malades de nos salles; elle nous montrera mieux que toute description l'évolution de la crise moyenne de colique hépatique.

Un jeune homme de 19 ans a sa première crise avec trois paroxysmes en quatre jours; il est ictérique, a ses points douloureux du phrénique droit, de l'épigastre, de la vésicule, de la zone pancréatico-cholédocienne; ce dernier point est le plus prononcé. Au 7ᵉ jour, simultanément, atténuation de l'ictère et des points douloureux. Au 12ᵉ jour, les points douloureux ont disparu, il reste du subictère et une cholurie légère. Les fèces ne se recolorent qu'au 15ᵉ jour, le sérum restant encore bilirubinémique et le teint subictérique.

Un homme de 54 ans entre au 6ᵉ jour de sa première crise hépatique, avec cholurie, subictère, décoloration fécale ; douleur provoquée au niveau du phrénique, de la vésicule, de la zone pancréatico-cholédocienne, de l'épigastre, celle-ci étant la plus intense. Au 8ᵉ jour, les points douloureux s'atténuent sauf le pancréatico-cholédocien encore très aigu ; le subictère diminue, les fèces se recolorent. Au 9ᵉ jour, toute douleur provoquée a disparu. Au 10ᵉ jour les matières fécales se recolorent, et l'ictère s'efface progressivement.

Une femme de 66 ans, lithiasique depuis 12 ans, entre au 4ᵉ jour de sa crise, ictérique, ayant son foie abaissé avec points douloureux à peine constatables au niveau de la vésicule, très nets à l'épigastre et dans la zone pancréatico-cholédocienne. Au 6ᵉ jour l'ictère diminue, mais les localisations douloureuses restent peu modifiées. Au 9ᵉ jour, plus de points douloureux, subictère presque disparu, les fèces se recolorent. Polyurie sans cholurie.

Aucun de ces trois malades n'avait eu de fièvre, et, chez deux d'entre eux, le retour de la perméabilité biliaire s'était accompagné de *polyurie critique*, fait peu connu, mais que l'on peut observer assez souvent, et qui a l'intérêt de nous montrer que même après des coliques hépatiques *sans fièvre* le fonctionnement rénal peut subir les mêmes troubles évolutifs dont nous connaissons la constance au cours des ictères infectieux. C'est une des raisons, et nous verrons qu'il y en a d'autres, que l'on peut invoquer en faveur de cette idée que toute colique hépatique, même apyrétique, s'accompagne d'un certain degré d'infection biliaire.

Quant à l'élimination fécale des calculs biliaires, toujours escomptée et espérée, c'est là un fait contingent, qui ne survient guère que dans des conditions que nous aurons à préciser. Ce n'est pas un des signes sur lesquels on puisse tabler pour le diagnostic des coliques hépatiques, il fait trop souvent défaut et comporte même des possibilités d'erreur sur lesquelles nous reviendrons.

Comment se termine une colique hépatique? Dans les cas les plus simples, la crise ne dure que quelques heures, et cède facilement à des applications chaudes, à un liniment calmant, à l'administration d'un lavement à l'antipyrine ou au chloral, ou d'une cuillerée de sirop de morphine. Mais pour peu que la crise soit intense ou prolongée, il faut recourir à la médication héroïque, à l'injection de 1 ou de 2 centigrammes de morphine; rien d'autre ne calme la douleur, et je dirai que la nécessité où l'on s'est trouvé de recourir à la piqûre de morphine est un très bon élément rétrospectif de diagnostic. La crise abdominale douloureuse qui n'a cédé qu'à l'injection de morphine a toutes chances d'avoir été une colique hépatique ou néphrétique.

Souvent après l'injection de morphine tout rentre assez rapidement dans l'ordre, et, au bout d'un jour ou deux, le malade, guéri en apparence, reprend son existence habituelle.

Mais dans les cas graves, malgré tous nos efforts thérapeutiques, la situation ne se détend pas, les crises se succèdent toujours aussi aiguës et séparées seulement par de courtes accalmies ; les urines diminuent, toute alimentation reste impossible, les forces et la résistance nerveuse s'épuisent. Chez ces sujets affaiblis, méfions-nous de la morphine, et n'oublions pas qu'elle peut devenir très dangereuse.

Une de mes malades, dont j'aurai à reparler, entre au 7ᵉ jour d'une crise hépatique très intense ; c'était une alcoolique, et elle avait eu, depuis le début des accidents, plusieurs épistaxis. A sa visite du soir, mon interne, la voyant continuer à souffrir, lui fait faire une injection de 1 centigramme de morphine ; un quart d'heure après, on vient de nouveau voir comment va la malade, et on la trouve morte dans son lit ! Nous aurons à revenir sur les faits de ce genre à propos du traitement des coliques hépatiques.

A ces deux premiers types cliniques, ajoutons les formes que j'ai appelées *les coliques hépatiques à répétition,* où la gravité pronostique dépend de la réitération incessante des crises plus encore que de l'intensité de chacune d'elles. Un de mes malades avait ainsi noté 74 crises en trois ans. J'ajoute que, dans les faits de ce genre, l'alimentation devient très restreinte, la courbe de poids ne cesse de baisser, et la situation est telle qu'une intervention chirurgicale devient nécessaire.

Enfin, une terminaison rare, mais des plus graves, est possible, et la turgescence hypertensive de la vésicule et des voies biliaires peut aller jusqu'à la *rupture,* avec éclatement de la vésicule ou d'une région hépatique. C'est ce qui s'est passé dans un cas classique de Pauly[1]. Une femme

---

1. PAULY. *Lyon médical,* 1892.

de 47 ans, au cours d'une colique hépatique typique, est prise subitement d'une douleur abdominale atroce, avec ballonnement excessif du ventre, algidité et collapsus cardiaque, selles involontaires. Elle meurt en deux heures, et à l'autopsie on trouve un caillot de 600 grammes dans la cavité péritonéale, une déchirure de la capsule de Glisson sur la face antéro-supérieure du foie, et, dans la partie postérieure du lobe droit, une déchirure du foie longue de trois travers de doigt, et conduisant dans un foyer hémorragique gros comme le poing et situé en plein foie. La vésicule contenait plusieurs calculs, dont un enclavé dans le cystique.

Cette très curieuse autopsie nous montre à la fois l'enclavement cystique du calcul cause de la colique hépatique, et ces lésions si rares de rupture hépatique, que l'on peut ici expliquer par une double cause, la turgescence du foie, et l'hypertension abdominale provoquée par la contracture réflexe de la paroi et par les efforts de vomissement.

Ainsi nous apparaît toute la variabilité clinique et évolutive des coliques hépatiques, signe typique de la lithiase, accident souvent léger et transitoire, mais pouvant devenir grave par ses réitérations, aussi bien que par ses modes de terminaison ou ses complications toujours possibles. Nous verrons quelles difficultés de tous genres peuvent souvent en rendre le diagnostic incertain.

CHAPITRE VI

LES LÉSIONS VÉSICULAIRES
D'ORIGINE LITHIASIQUE

Nous avons étudié le syndrome de la colique hépatique, et essayé de dissocier par l'analyse clinique ses éléments constituants, les réactions douloureuses et fonctionnelles qu'il suscite. Mais de la colique hépatique elle-même nous n'avons donné aucune définition, nous contentant de la prendre dans le sens traditionnel le plus général. Nous ne pouvons nous en tenir là, d'autant que des opinions également absolues et contradictoires ont été et sont encore soutenues sur cette grosse question de physiologie pathologique.

Pour le grand public, pour nos clients, pour beaucoup de médecins, la colique hépatique reste liée à la *migration calculeuse* ; le calcul biliaire se déplace, s'engage plus ou moins, s'élimine ou retombe dans la vésicule, et c'est cet effort expulsif qui provoque et caractérise la colique hépatique ; d'où l'attente des cholélithes dans les matières fécales, et la déception qui suit souvent l'insuccès de cette recherche. Voilà l'opinion classique et la théorie instinctive à laquelle se rallient toujours les malades.

Mais si pour eux le calcul biliaire est tout, il arrive dans l'opinion inverse à n'être presque plus rien, et certains médecins, anatomo-pathologistes surtout, ne veulent voir dans la colique hépatique que l'expression clinique des réactions inflammatoires portant sur la vésicule et sur le péritoine sous-hépatique et périvésiculaire. La lithiase est à l'origine du processus infectieux, mais la migration calculeuse ne joue plus qu'un rôle très effacé, exceptionnel, presque nul. Riedel en Allemagne, et R. Tripier en France, se sont faits les défenseurs de cette opinion que je considère comme très exagérée. C'est aller contre l'évidence des faits que de contester le rôle pathogène de la migration calculeuse. L'élimination fécale des cholélithes après les crises reste constatable dans certains cas, nous verrons lesquels, et d'autre part les interventions chirurgicales ou les autopsies ont permis plus d'une fois de saisir sur le fait le déterminisme des accidents, de surprendre les calculs en voie d'engagement pendant la colique hépatique, et en dehors de toutes lésions appréciables de cholécystite ou de péritonite sous-hépatique. C'est dans des faits opératoires de ce genre que Guéniot[1] a pu trouver histologiquement la vésicule saine, et moi-même, dans un cas de mort subite[2] auquel j'ai déjà fait allusion ici, j'ai pu faire les constatations nécroscopiques les plus concluantes.

Sans revenir sur les conditions très spéciales de mort de cette malade, je rappellerai qu'il s'agissait d'une femme de 47 ans, ayant eu depuis 5 ans quatre grandes crises prolongées avec ictère, et de nombreuses crises plus courtes

---

1. Guéniot. La lithiase vésiculaire, ses formes anatomiques envisagées au point de vue chirurgical. *Thèse de Paris*, 1903.

2. A. Chauffard. Mort subite au cours d'une crise de colique hépatique. *Société médicale des Hôpitaux*, 27 janvier 1899.

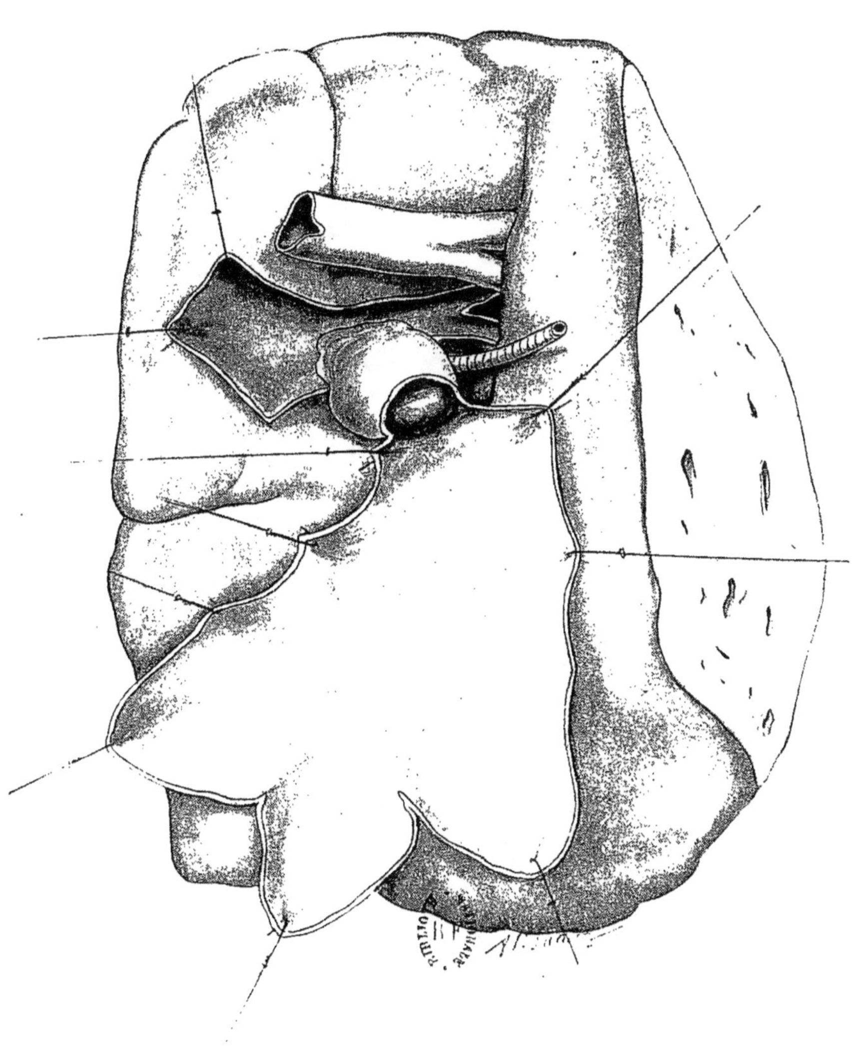

Mort subite au septième jour d'une colique hépatique. Calcul bloqué dans le cystique. Vésicule distendue et à muqueuse décolorée. Coloration biliaire des hépatiques et du cholédoque.

[p. 96]

ne dépassant pas 24 heures, sans ictère ; le tout sans frissons ni fièvre.

Elle meurt au septième jour de sa cinquième crise, et que trouvons-nous à l'autopsie ? Un foie légèrement scléreux, par alcoolisme, une vésicule libre, sans adhérences ni lésions péritonitiques quelconques, de volume normal, et dont le fond déborde un peu l'incisure du rebord hépatique. Elle ne se vide pas par pression. Incisée, elle contient une « forte cuillerée à soupe de liquide filant, visqueux, de coloration blanchâtre et légèrement louche ». Pas de pigments biliaires par le Gmelin, pas de sels biliaires décelables par la réaction de Pettenkofer.

Dans ce liquide flottent quatre calculs libres, à facettes, gros comme des pois chiches, et une douzaine de concrétions plus petites, grosses comme des lentilles ou des grains de chènevis. Mais un autre gros calcul à facettes est *enchatonné dans le cystique*, à la jonction du cystique et de l'hépatique ; il est *bloqué* et ne peut être déplacé ni en avant ni en arrière.

La muqueuse *en amont* du calcul était d'un blanc rosé, *en aval* colorée en vert par la bile.

Ainsi cette autopsie nous montrait la réalité constatable de la migration calculeuse, en même temps que l'absence, chez cette femme, grande et ancienne lithiasique, à crises multiples, de ces lésions de cholécystite ou de péritonite que l'on a voulu indûment considérer comme constantes et seules valables dans le processus des crises.

Une autre de mes malades, lithiasique de vieille date, est prise, au cours d'une colique hépatique grave, d'accidents abdominaux suraigus, et meurt de pancréatite hémorragique au quatrième jour de la crise : l'autopsie

montre dans la vésicule un calcul gros comme une bille
et libre, et un autre plus petit *enclavé dans le col
cystique*.

Ainsi, dans mes deux cas, comme dans le cas de Pauly,

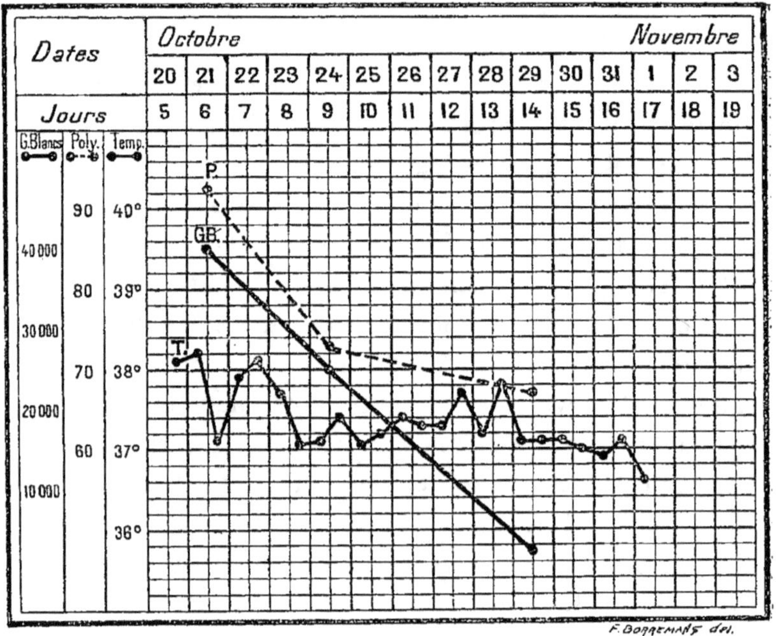

Homme de 27 ans.
Quatrième crise de colique hépatique, le 5ᵉ jour.

même lésion, un calcul enclavé et bloqué dans le col de la
vésicule, à l'entrée du canal cystique.

Si l'on voulait donner une définition anatomique de la
colique hépatique la plus exacte, je crois, serait de la considérer comme due *à l'enclavement plus ou moins passager
ou durable d'un cholélithe dans le col cystique*, et cela s'ac-
corde bien avec le fait que nous avons signalé de la locali-

sation douloureuse maximum au niveau *du col* et non *du fond* de la vésicule.

Je crois donc que les cholélithes doivent conserver leur rôle, leur grand rôle dans la pathogénie mécanique des coliques hépatiques, et l'hypertrophie si habituelle de la musculeuse des vésicules lithiasiques nous donne la preuve rétrospective des efforts expulsifs répétés de la vésicule. Celle-ci ne se comporte pas autrement que ne le fait la vessie en présence des calculs urinaires.

On comprend dès lors la fréquence, comme cause occasionnelle des crises, des secousses, des cahots provoqués par de longues courses en auto, par les voyages en chemin de fer, etc. Chez un de mes malades, une vieille lithiase, silencieuse depuis 20 ans, s'est réveillée avec une crise violente à l'occasion d'une séance de gymnastique de chambre, avec contraction des muscles de la paroi abdominale, mouvements de flexion et d'extension du tronc.

Mais il est très vrai, et nous le verrons, que la chirurgie biliaire donne bien des surprises, et peut ne nous montrer que des lésions de cholécystite là où nous pensions trouver des calculs, une *vésicule déshabitée* quand nous nous attendions à l'inverse.

Et d'autre part, des recherches hématologiques récentes dues à Parmentier, à Lutier et Salignat[1] à Montceaux, ont montré qu'une crise de colique hépatique entraîne toujours une légère réaction d'infection, une leucocytose variant de 12 000 à 15 000, une polynucléose de 70 pour 100 environ, modifications cytologiques ébauchées seulement, mais qui semblent bien déceler une minime infection vési-

---

1. L.UTIER et SALIGNAT. *Société de Médecine de Paris*, 11 avril 1913.

culaire. Dans plusieurs cas de notre service nous avons pu faire mêmes constatations, et l'on voit ainsi quelles transitions insensibles relient le spasme fonctionnel aux réactions inflammatoires de la vésicule.

Cependant, avant d'en arriver à celles-ci, il nous faut dire un mot d'un état tout mécanique, le *cholécyste calculeux*, dont le diagnostic est souvent de grande importance. Ici la vésicule, par le fait de l'enclavement *fixe* d'un calcul dans le cystique, suit une évolution très particulière, elle subit une *ectasie* avec amincissement et pâleur de sa paroi, et sans que celle-ci présente de lésions inflammatoires ou d'adhérences péritonéales. Le liquide perd ses caractères spécifiques, se dépouille de ses pigments et de ses sels biliaires, n'est plus qu'un mucus banal et plus ou moins louche. Une de nos autopsies de colique hépatique nous montre le début de cette évolution, avant la distension secondaire du sac vésiculaire. Aux vésicules *séquestrées* correspond ainsi le cholécyste muqueux ou mucocèle vésiculaire.

Que si au contraire la perméabilité du cystique est suffisante, on peut observer d'énormes poches vésiculaires à contenu bilieux, qu'il convient de ne pas confondre avec les *péritonites biliaires*[1] de pathogénie encore douteuse, et dont plusieurs belles observations viennent d'être publiées.

Mais si ces derniers faits sont exceptionnels, les cholécystes sont, au contraire, de rencontre clinique relative-

---

1. Associés ou non à la lithiase, ces épanchements de bile dans le péritoine paraissent dus à des perforations très minimes, punctiformes, de la vésicule, comme dans le cas de Naüwerck et Lütke, de Slck et Frankel.

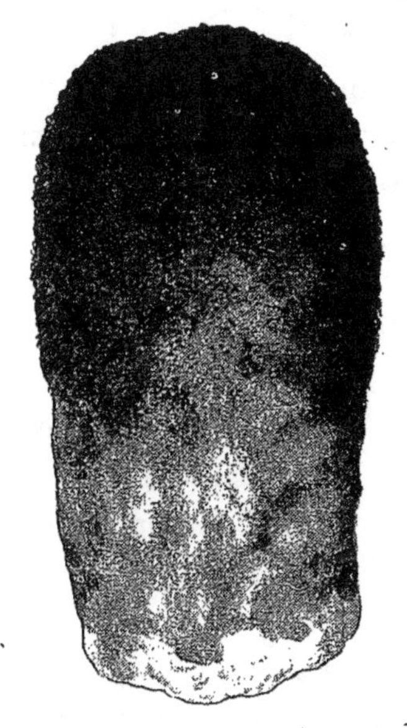

Figure 1

Figure 2

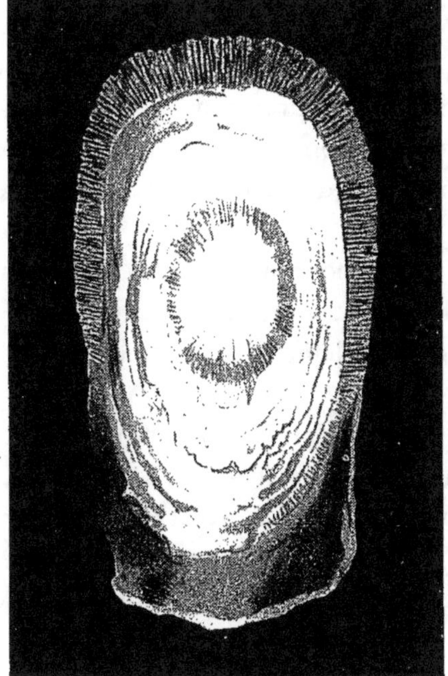

Figure 3

Calcul solitaire dans un cas de cholécyste. Ce calcul énorme, enlevé par M. Gosset, pèse 80 gr., et est reproduit en grandeur nature.

Fig. 1. — Le calcul intact.
Fig. 2. — Radiographie par le Dᵣ Ledoux-Lebard.
Fig. 3. — Coupe du calcul, montrant au centre un noyau cholestérinique radiaire.

Les cholécystes calculeux sont souvent d'un diagnostic assez difficile, et on peut surtout les confondre avec un *rein droit* abaissé et augmenté de volume par hydronéphrose. On se rappellera, pour éviter toute erreur, que les antécédents sont différents dans les deux cas, lithiase biliaire ou accidents plutôt d'origine rénale ; que les deux tumeurs sont bien situées sur le même axe antéro-postérieur, mais *à des plans différents*, le cholécyste étant plus en avant que l'hydronéphrose ; la tumeur rénale est peu mobile, ne suit pas les mouvements respiratoires, on peut la refouler vers la loge lombaire, sa forme rappelle la configuration normale du rein. Le cholécyste peut, comme l'hydronéphrose, donner le ballottement bimanuel, mais il suit les mouvements du diaphragme et n'est pas refoulable par la pression ; sa forme, d'après M. Gilbert, peut être du type *cylindrique* ou *globuleux*, celui-ci me paraît beaucoup plus fréquent que le premier. L'erreur entre les deux diagnostics peut donc, en général, être évitée si l'examen clinique est fait avec méthode et précision.

En cas d'hésitation, un examen radioscopique fait par la méthode récente du *pneumopéritoine* lèverait tous les doutes.

Je ne cite que pour mémoire la tuméfaction vésiculaire que l'on observe au cours du cancer de la tête du pancréas. La présence d'un ictère chronique progressif la caractérise suffisamment.

La fréquence relative du cholécyste calculeux nous montre une première exception à ce que l'on a appelé la *loi de Courvoisier-Terrier*. Bard et Pic avaient montré en 1888, que dans l'ictère chronique par cancer de la tête du pancréas, la vésicule était *dilatée*. Courvoisier en 1890, puis Terrier en 1892 signalèrent par une sorte de constatation complémentaire de la précédente la *non-dilatation* de la vésicule dans l'ictère chronique calculeux : c'est ce qu'on appelle, un peu injustement, la loi de Courvoisier-Terrier. Pourquoi cette différence, très réelle, et dont la pratique montre chaque jour la grande valeur, bien qu'il y ait des exceptions sur lesquelles nous aurons à revenir ? En réalité, la loi de Courvoisier-Terrier pourrait s'énoncer sous une autre forme, et l'on pourrait dire aussi justement : dans l'ictère calculeux *la cholécystite chronique atrophiante* est la règle, alors qu'elle n'existe pas dans les cancers biliaires, à condition que la lithiase soit *infectée* et ait provoqué des réactions d'inflammation chronique, sinon la simple stase mécanique et ectasiante se produit, avec sa conséquence la distension vésiculaire. C'est ce que l'on observe dans les cholécystes, et même parfois dans les calculs du cholédoque, comme d'assez nombreux cas en ont été relatés par Jalaguiet, Reclus, Kuster et Elliot, Jourdan, Griffon, Léon Bernard. A propos du diagnostic *topographique* de la lithiase, nous retrouverons les réactions du tractus biliaire, *généralisées* ou *segmentaires*. Pour le moment, contentons-nous de signaler rapidement les différentes formes de lésions vésiculaires d'origine lithiasique.

C'est aux progrès de la chirurgie biliaire contemporaine, avec ses interventions de plus en plus fréquentes et précoces, que nous devons sur ce point le meilleur de nos connaissances [1].

Dans les lithiases *aseptiques*, à calculs *cholestériniques radiaires* de Aschoff et Bacmeister, la paroi de la vésicule,

---

1. P. Lecène. Ce que nous a appris la chirurgie de la vésicule biliaire. *Journal Médical français*, 15 avril 1914, p. 165.

d'après ces auteurs, devient épaissie, forme une coque rigide souvent exactement moulée sur le calcul solitaire qu'elle contient, sans adhérences ni réaction péritonéale, par simple *fibrose* non inflammatoire. Il me paraît plus exact de dire que cette sclérose diffuse est le reliquat d'un état irritatif très ancien, ayant abouti à l'hypertrophie musculaire et fibroïde de la paroi vésiculaire.

En dehors de ces faits, la chirurgie moderne nous a montré la très grande variabilité macroscopique et histologique des vésicules lithiasiques. De la vésicule encore saine, aux lésions subaiguës, aiguës, suraiguës ou chroniques, toutes les formes peuvent se rencontrer, et elles rappellent singulièrement les caractères anatomo-pathologiques d'une autre grande maladie abdominale, *l'appendicite*. Dans les deux cas, l'infection porte sur des *diverticules*, greffés l'un sur la voie biliaire principale, l'autre sur la cavité cæcale ; dans les deux cas, tendance à la rétention inflammatoire, et présence fréquente de corps étrangers, bien que les concrétions appendiculaires soient, relativement aux biliaires, peu communes. Dans les deux maladies, crises paroxystiques avec ou sans état chronique intercalaire, réactions péritonéales de type varié et aboutissant souvent à un processus d'adhérences scléreuses. On pourrait pousser plus loin cette comparaison qui s'impose à l'esprit chaque fois où l'on étudie les réactions vésiculaires de la cholélithiase. Je n'insiste pas, d'autant qu'à côté des analogies il faudrait montrer les dissemblances qui ne sont pas moins réelles, et font, dans leur ensemble, que les cholécystites sont de gravité relativement atténuée par rapport aux appendicites.

Les *cholécystites lithiasiques aiguës*, bien étudiées histo-

Figure 1
Vésicule biliaire normale de l'homme.
(Lecène)

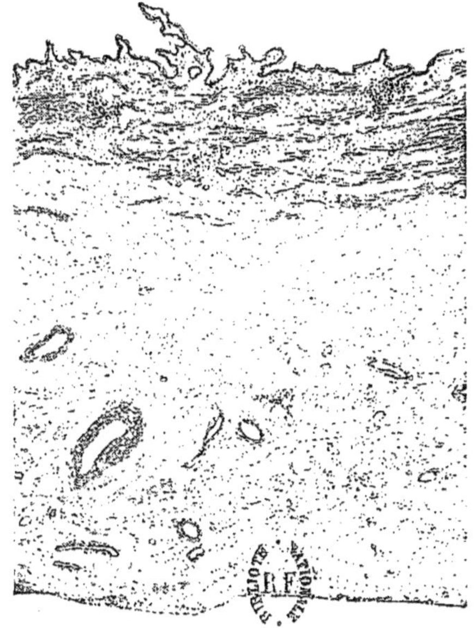

Figure 2
Vésicule lithiasique très peu altérée, ne présentant qu'une légère sclérose sous-séreuse et un très faible degré d'infiltration lymphocytaire de la musculaire.
(Lecène)

[p. 104]

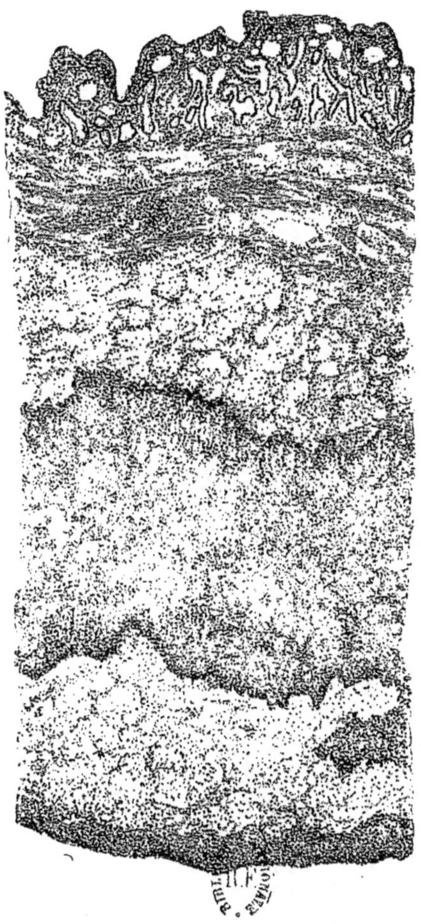

PANCHOLÉCYSTITE AIGUË

Exsudats fibrineux à la surface de la muqueuse ;
inflammation du chorion ; infiltration diffuse de
polynucléaires dans la sous-séreuse ; la séreuse elle-
même est enflammée et recouverte de fibrine et de
leucocytes (LECÈNE).

[p. 104]

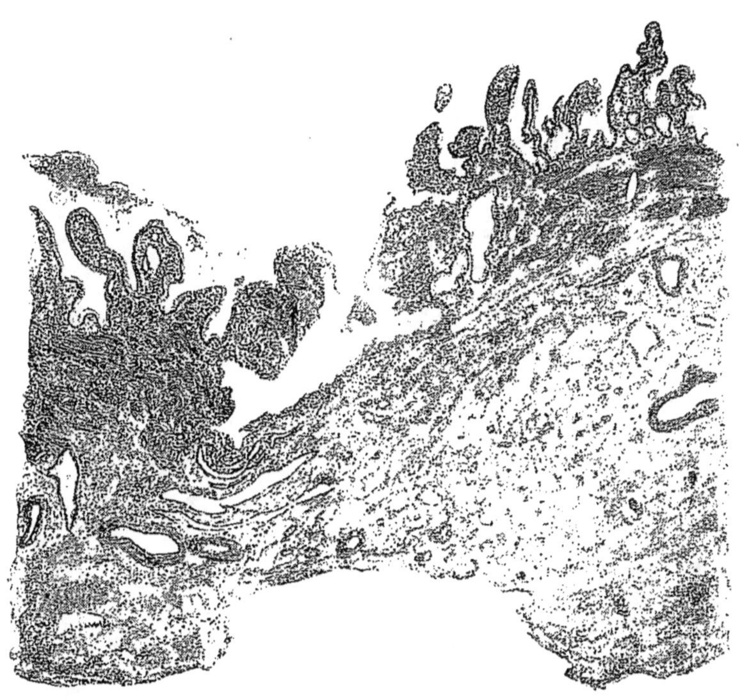

Fig. 1. — *Cholécystite subaiguë, avec ulcération pariétale ; le fond de l'ulcération est formé par la sous-séreuse épaissie et vascularisée* (LECÈNE).

Fig. 3. — *Parois d'hydrocholécyste. La muqueuse est remplacée par un revêtement d'épithélium cubique aplati. Dissociation de la musculaire. Très faible sclérose de la sous-séreuse* (LECÈNE).

Fig. 2. — *Cholécystite scléreuse atrophique ; la muqueuse et la musculaire sont remplacées par du tissu fibreux parsemé de foyers d'infiltration leucocytaire* (LECÈNE).

logiquement par Cornil, par Liebold[1], par Aschoff et Bacmeister, par Letulle, par Lecène[2], peuvent présenter tous les degrés : formes superficielles, purement catarrhales, compliquées ou non d'érosions de la muqueuse ; formes plus graves, suppurées, décrites parfois sous le nom d'*empyèmes de la vésicule ;* formes ulcéreuses graves ; formes nécrosantes, gangréneuses et fétides, avec infection anaérobique ; on comprend à quelle série ascendante de gravité correspond la multiplicité de ces lésions infectieuses.

Dans l'évolution de ces formes variées de cholécystite, il faut tenir grand compte d'une disposition anatomique propre à la muqueuse vésiculaire et que l'on décrit sous le nom de *canaux de Luschka.* Sur les vésicules lithiasiques se voient des formations tubulées, à aspect pseudo-glandulaire, mais sans différenciation de l'épithélium qui les revêt. Ce sont des diverticules pariétaux, que l'on rencontre surtout au niveau du fond de la vésicule. Dans les cas de cholécystite, ces invaginations pseudo-glandulaires se montrent hypertrophiées et ramifiées ; l'épithélium desquamé remplit leur cavité, en même temps que leur paroi est infiltrée de leucocytes. Souvent aussi, dans ces diverticules, se trouvent des concrétions formées de pigment biliaire et de cholestérine sous forme de masses biréfringentes. Dans la zone péricanaliculaire, Aschoff et Bacmeister ont décrit des amas de cellules chargées de graisse, et qu'ils comparent aux cellules à cholestérine du xan-

1. Liebold in Kehr. *Drei Jahre Gallenstein Chirurgie,* Munich, 1908.

2. P. Lecène. Les lésions microscopiques de la vésicule biliaire lithiasique. *Presse Médicale,* 6 décembre 1913, p. 994.

thòme, du corps jaune, des surrénales. Flandin, sur des coupes faites après congélation, a de même constamment trouvé dans la couche sous-épithéliale et dans la couche fibro-muqueuse des amas biréfringents, se colorant en rouge orangé par le Sudan III, et qu'il interprète comme des inclusions anciennes de cholestérine. Enfin, récemment, G. Roussy[1], dans une étude d'ensemble sur les réactions cellulaires provoquées par les dépôts locaux de cholestérine, a fait des constatations analogues, et a même vu dans les canaux de Luschka la cholestérine se cristalliser en tablettes typiques ; il a montré, d'autre part, la constance des grandes cellules granuleuses dans tous les tissus où se dépose la cholestérine.

D'après ces descriptions histologiques, on saisit ainsi sur le vif le mode de formation des *calculs intramuraux* d'Aschoff et Bacmeister, terme le plus élevé de l'infiltration cholestérinique pariétale des vésicules lithiasiques.

Dans l'évolution des cholécystites aiguës, les canaux de Luschka ne jouent pas un rôle moins important. Leurs cavités s'infiltrent et se remplissent de leucocytes, deviennent de véritables *abcès histologiques*, profonds, et qui ne sont plus parfois séparés de la cavité péritonéale que par la minime épaisseur de la séreuse. On voit combien une telle disposition anatomique favorise les perforations inflammatoires de la paroi vésiculaire.

Dans d'autres formes anatomiques plus rares, des cholécystites aiguës, la congestion de la muqueuse est assez intense pour aboutir à l'*hémorragie intravésiculaire*, et

---

1. G. Roussy. Sur les réactions cytologiques produites dans les tissus par les dépôts locaux de cristaux de cholestérine. *Société de Biologie*, 5 juillet 1913, p. 18.

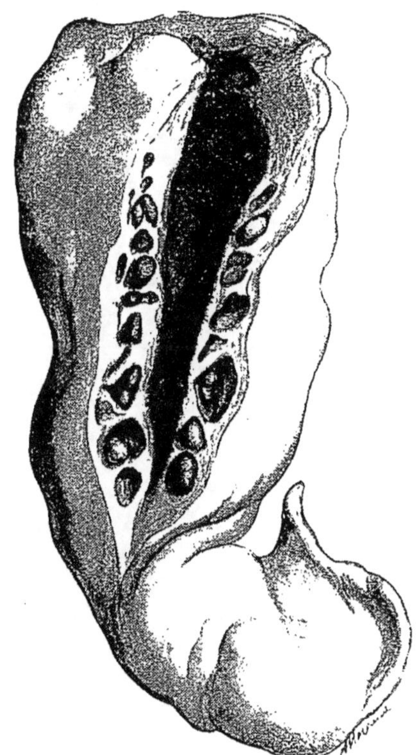

Fig. 1. — *Coupe longitudinale de la vésicule.*

Fig. 2. — *Coupe transversale.* — C calculs. M muqueuse de la vésicule.

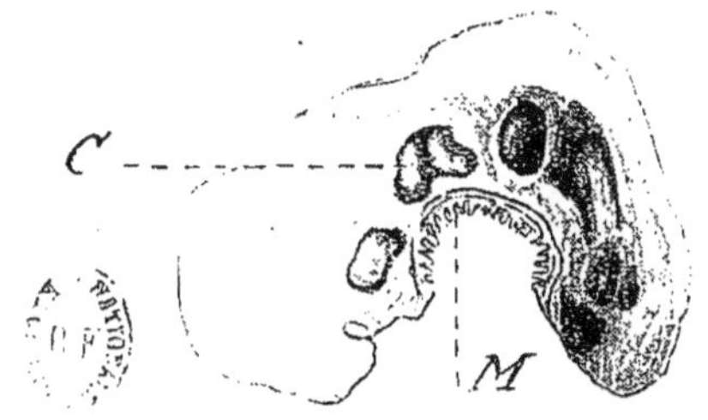

Calculs intra-pariétaux, d'après une pièce due à l'obligeance de M. le Dr DEVÉ.

[p. 106]

de petits caillots peuvent, en s'engageant dans le cystique, provoquer le syndrome de la colique hépatique, par un processus analogue à celui que l'on observe beaucoup plus fréquemment dans les hématuries rénales ou les pyélites hémorragiques. Tels les cas de Bruning, de Solieri [1].

Pour peu que la cholécystite aiguë ou subaiguë atteigne un degré suffisant d'intensité ou de durée, l'état inflammatoire dépasse les limites de la paroi vésiculaire, le péritoine réagit à son tour, des adhérences se forment plus ou moins circonscrites ou diffuses dans la région sous-hépatique et périvésiculaire. Molles et dissociables d'abord, elles deviennent avec le temps de plus en plus scléreuses, fibroïdes, rétractées. Elles soudent, pour ainsi dire, la vésicule enflammée aux organes voisins, au canal pyloro-duodénal, à l'angle droit du côlon, et nous verrons quelle importance clinique considérable prennent ces processus secondaires, combien ils peuvent rendre malaisé de préciser le point de départ des accidents.

Dans ces nappes anciennes d'adhérences, le chirurgien ne trouve plus de plans de clivage, et a parfois grand'peine à reconnaître la vésicule enserrée dans le tissu fibreux. Celle-ci ne forme plus qu'un moignon atrophié, dans lequel ne subsiste qu'un vestige de cavité déshabitée, à moins que le ou les calculs biliaires ne s'y trouvent encore. Si l'on peut faire l'examen histologique de ces vieilles cholécystites chroniques, on voit que toute structure normale de la vésicule a disparu, a fait place à un tissu épais, fibroïde et élastique, dans lequel se dessinent çà et là quelques restes des invaginations épithéliales de Luschka.

----

1. Solieri. *Clinica chirurgica*, 1912, p. 40.

Dans des cas plus rares, au moment d'une crise douloureuse suraiguë, la paroi vésiculaire a pu se perforer, et le calcul biliaire, au moment de l'opération, se retrouve plus ou moins loin du moignon vésiculaire, noyé au milieu d'une nappe inflammatoire diffuse, péritonéale et épiploïque, déjà scléreuse, ou présentant encore des traces d'une suppuration en partie résorbée et parfois presque caséeuse.

Il ne faut pas perdre de vue que des lésions de cholécystite aiguë et grave peuvent survenir, de la façon la plus inopinée, chez des sujets ne présentant aucuns antécédents biliaires connus, et atteints en réalité de cholélithiase plus ou moins ancienne et latente, ou décelée simplement par une colique hépatique récente. Ainsi, une jeune femme est prise un mois après son accouchement d'une colique hépatique sans ictère, mais avec frissons répétés et fièvre persistante. On l'opère au bout d'un mois, et on trouve une cholécystite suppurée avec 33 calculs à facettes durs et certainement très anciens. L'accident infectieux aigu était l'aboutissant terminal d'une lente évolution antérieure ignorée.

On n'aurait qu'une idée incomplète des réactions vésiculaires d'origine lithiasique si on ne marquait la place, au point terminal du processus, d'une éventualité anatomique redoutable, et malheureusement trop fréquente, la *cancérisation secondaire de la vésicule.* Toute interprétation pathogénique mise à part, il n'est pas douteux que souvent coexistent ces trois éléments pathologiques, calculose biliaire, cholécystite chronique et cancer de la vésicule. Celui-ci peut être évident et reconnaissable au simple examen macroscopique, ou, au contraire, ne se trahir que par de l'épaississement pariétal, une apparence un peu

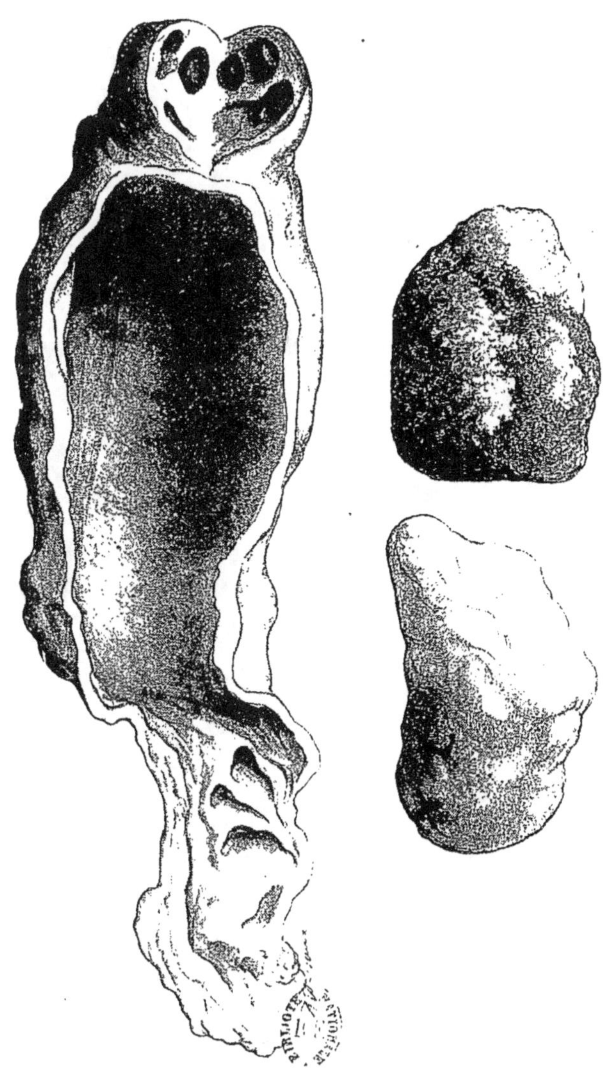

Gros calculs articulés et remplissant la cavité vésiculaire. Au niveau du fond de la vésicule, épaississement considérable de la paroi et calculs intra-pariétaux.

bourgeonnante ou villeuse de la muqueuse vésiculaire. D'où cette conclusion pratique et que je considère comme capitale pour le pronostic : quand une vésicule lithiasique est enlevée, toujours examiner la pièce avec le plus grand soin, et, si possible, en faire faire l'examen histologique.

Deux exemples cliniques vont nous en donner la preuve.

Une femme de 58 ans, lithiasique de vieille date, est prise à nouveau de crises vésiculaires répétées ; on l'opère, et sur la vésicule enlevée on remarque l'existence en un point d'un épaississement, d'une sorte de très petit bourgeon qui paraît suspect et dont l'examen histologique montre la nature néoplasique. Malgré l'ablation de la vésicule, les crises douloureuses ne tardent pas à reparaître, le foie augmente de volume, et la malade meurt, trois mois après l'opération, en pleine carcinose péritonéo-hépatique.

En août 1912, un malade âgé de 5o ans et atteint depuis longtemps de lithiase biliaire est pris d'accidents graves de cholécystite avec fièvre, qui nécessitent une intervention. On enlève une vésicule enflammée contenant 72 calculs à facettes, et dont l'examen n'est fait que très sommairement. La fièvre tombe, le malade est considéré comme guéri et part pour un voyage lointain de convalescence. Mais, au cours de ce voyage, fièvre et douleurs reparaissent, l'état général s'aggrave rapidement, et on pratique en janvier une nouvelle laparotomie. Celle-ci montre l'existence d'une infiltration cancéreuse diffuse de toute la région sous-hépatique et reste purement exploratrice.

N'est-il pas évident que, dans ces deux cas, seul l'examen attentif et méthodique de la vésicule enlevée pouvait faire éviter une erreur, préciser le pronostic, et diriger la conduite ultérieure du chirurgien ?

Ces vésicules cancérisées sont, en général, de petit volume, à la fois atrophiées et épaissies, et se moulent plus ou moins sur leur contenu, formé par des calculs multiples souvent anguleux. Leur dégénérescence commence souvent par le fond, d'où le nom de *fundusadenom* qui lui a été donné par Aschoff et Bacmeister. Cependant j'ai observé un cas de cancérisation du col cystique au voisinage d'un calcul enclavé.

Des noyaux secondaires se retrouvent dans les ganglions hilaires ou dans le foie, et souvent même une large zone de dégénérescence hépatique encercle le petit néoplasme vésiculaire, si bien qu'il peut y avoir hésitation sur la chronologie des lésions, et que l'on se demande quel organe a été le foyer initial de la cancérisation. Mais la nature cylindrique de l'épithéliome, la préexistence des accidents lithiasiques, permettront de reconnaître l'origine vésiculaire.

Voilà les faits cliniques et anatomiques, et sur leur existence même il ne saurait y avoir de contestation. Ce qui a été mis en discussion, c'est la nature du rapport qui associe ces deux termes lithiase vésiculaire et cancer, et, sur ce point, deux opinions opposées ont été émises ; alors que Cornil et Ranvier, Segond admettent que le cancer préexiste et que les calculs ne sont que secondaires, l'interprétation inverse a été adoptée par Klebs, par Rendu, par Terrier et Auvray. Notons que, dans les faits de ce genre, les calculs n'ont pas le type des calculs de stase ; ils sont mixtes, et révèlent les séries successives et répétées de poussées infectieuses dont la vésicule a été le siège, avant de passer de la réaction inflammatoire à la dégénérescence néoplasique. C'est qu'en effet, de par l'observation clinique aussi bien que de par la pathogénie générale du cancer, il

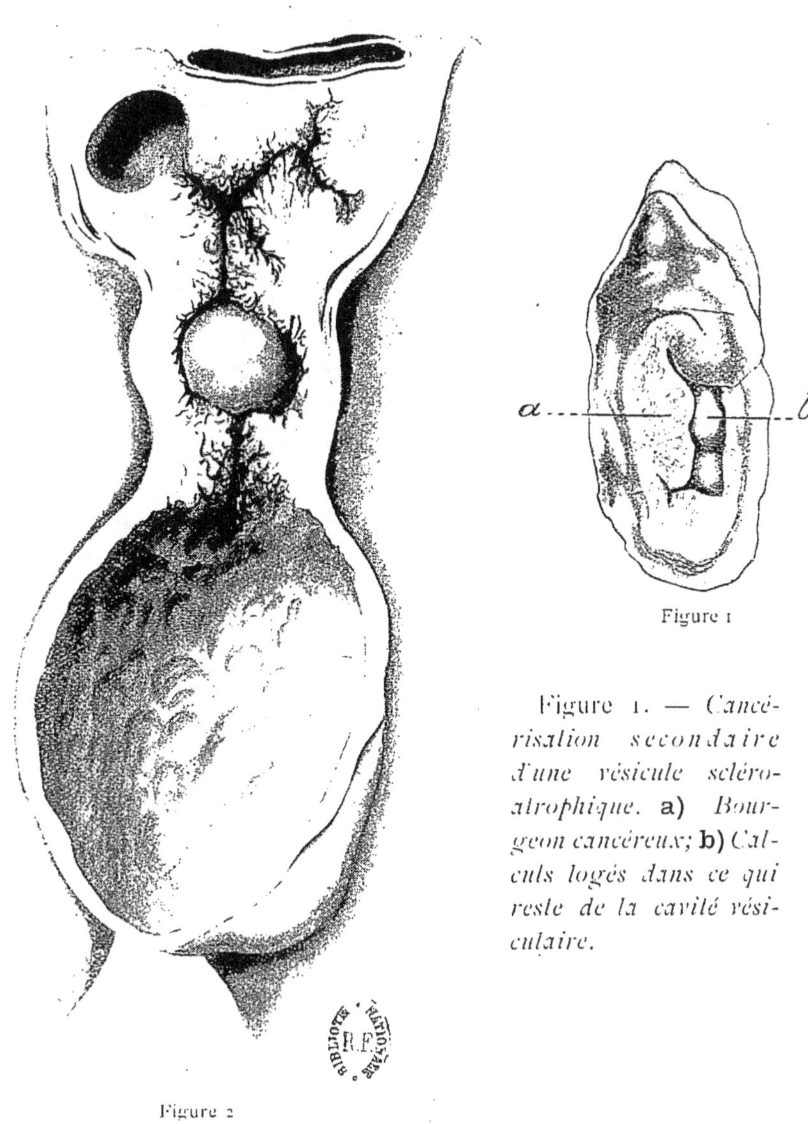

Figure 1

Figure 1. — Cancérisation secondaire d'une vésicule scléro-atrophique. **a)** Bourgeon cancéreux; **b)** Calculs logés dans ce qui reste de la cavité vésiculaire.

Figure 2

Figure 2. — *Cancérisation secondaire du col et du canal cystique, au contact d'un calcul enchatonné. Vésicule épaissie, distendue et aréolaire.*

[p. 110]

cause intime, encore inconnue, des proliférations néoplasiques qu'il faut peut-être chercher ici dans l'état radioactif des cholélithes.

Cette multiplicité des évolutions possibles nous fera comprendre les aspects cliniques si différents que peut revêtir la cholélithiase. Mais, dans tous les cas, qu'il y ait infection ou rétention des calculs, retentissement inflammatoire plus ou moins profond, la vésicule reste le *centre*, le *foyer* des réactions provoquées. L'expérimentation confirme sur ce point la clinique, et les expériences d'Arloing et Morel, de Simanowsky, de François-Franck, ont montré à quel point les excitations vésiculaires suscitent la réaction douloureuse et les troubles cardio-pulmonaires.

C'est presque là un caractère général des viscéralgies, de provoquer, par leurs irradiations, l'entrée en jeu du plexus solaire, les actions réflexes sur le pneumogastrique ou le sympathique.

Fort de ces notions d'ordre pathogénique et anatomopathologique, nous allons maintenant pouvoir aborder l'étude des questions très complexes qui se posent à propos du diagnostic et de certaines complications de la lithiase biliaire.

CHAPITRE VII

LE RADIODIAGNOSTIC
DE LA LITHIASE BILIAIRE

Depuis vingt-cinq ans est apparue et s'est développée une méthode nouvelle d'investigation, la *radiologie biliaire*, qui rend les plus précieux services pour éclairer ou compléter le diagnostic de la cholélithiase. Ses progrès lui ont donné une importance clinique telle que l'on est en droit de dire que *l'examen d'un cholélithiasique, surtout quand la question d'une intervention chirurgicale se pose, doit toujours comporter une enquête radiologique méthodique et complète.*

C'est en 1896 que Chappuis et Chauvel pratiquèrent les premières recherches de laboratoire sur la visibilité des calculs biliaires, et, en 1899, Carl Beck, de New-York, obtenait le premier une radiographie de calcul biliaire sur le vivant. Depuis lors, Infroit, Béclère, Arcelin, Desternes, Henri Béclère obtenaient de très beaux résultats; Béclère précisait le déterminisme technique, Maingot réunissait l'ensemble de ces documents dans sa thèse de 1909. Enfin, plus récemment, les auteurs américains, James Case surtout, ont modifié la technique et montré que les cholélithes peuvent être visibles dans une proportion de cas que Case estime de 40 à 50 pour 100.

La visibilité des calculs biliaires est en rapport direct avec leur composition chimique, et l'élément qui la favorise est *la chaux.*

Avec Ronneaux nous avons radiographié toute une série de calculs biliaires, et il est facile de voir sur ces radiographies combien l'aspect des calculs est différent; certains d'entre eux, à prédominance cholestérinique, sont d'une transparence presque parfaite; d'autres, plus anciens, et toujours plus ou moins calcifiés, se montrent striés de zones opaques ou transparentes permettant de voir toute la structure intime du calcul sur le cliché radiologique. (Pl. XVI et Pl. XVII.) Tous ont été radiographiés ici avec des rayons *mous*, condition nécessaire pour obtenir les détails de leur structure, mais qui aurait rendu leur visibilité à peu près nulle dans l'épaisseur des tissus vivants.

Dans un cas très instructif de Pierre Duval et H. Béclère, on voyait sur le vivant l'ombre vésiculaire, mais pas les calculs; la radiographie de la vésicule enlevée avec son contenu montra que trois calculs contenus dans la vésicule étaient plus transparents que la boue vésiculaire, et l'analyse chimique en donna l'explication : les calculs *invisibles* étaient formés de cholestérine et de pigments biliaires, avec résidu nul après calcination ; la boue vésiculaire avait même composition, mais laissait, après calcination, un résidu de cendres constitué par du phosphate et du carbonate de chaux. Dans deux autres cas de radiographie positive de calculs du cholédoque, due aux mêmes auteurs, les calculs cholédociens, d'après leur analyse faite par

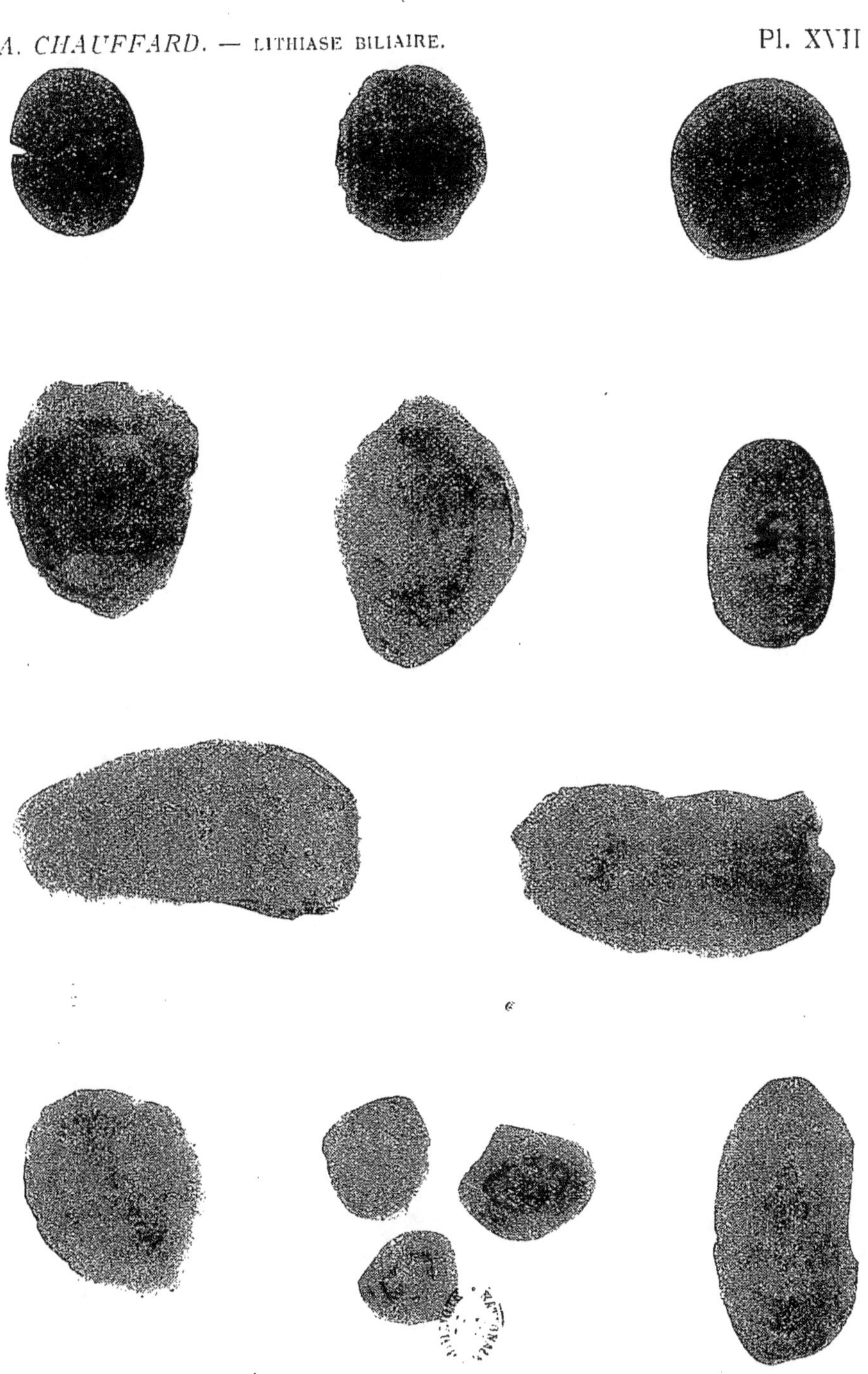

*Radiographies de calculs biliaires, par le Dr RONNEAUX. Rayons mous,
donnant 4 1/2 au radiochromomètre de Benoist.*

Fig. 1.   Fig. 2   Fig. 3   Fig. 4

Fig. 1. Sulfate de Baryum — Fig. 2. Calculs hémolytiques — Fig. 3 et 4. Calculs à facettes

Radiographies comparatives de calculs biliaires et de sulfate de Baryum pris sous la même épaisseur. Clichés du Dr RONNEAUX.

[p. 114]

A. Grigaut, contenaient 19 pour 100 et 25 pour 100 de chaux [1]. Ces chiffres sont très élevés et il semble qu'une proportion de 1/2 pour 100 soit suffisante.

Ainsi se trouvent précisées les conditions chimiques de visibilité des cholélithes, et aussi la limite de sensibilité de la radiographie; les calculs de cholestérine nous restent invisibles; dès que des couches calcaires se produisent, et ce sont les cas les plus fréquents, les calculs deviennent visibles.

Mais si l'examen radiographique a été le point de départ de toutes ces recherches, ce serait une grande erreur que de croire que la visibilité des cholélithes est le seul but à atteindre, la seule indication que le clinicien doive demander au radiologiste.

En fait, pour que l'examen d'un cholélithiasique soit complet, trois questions doivent être posées, et, pour chacune d'elles, une méthode technique différente devra intervenir.

1° *Volume et forme de la vésicule.* On ne pourra en juger qu'après distension gazeuse de l'estomac par la potion de Rivière, ou la potion de Tonnet. Si la vésicule est augmentée de volume, on la voit se dessiner comme une masse sombre de siège et de forme caractéristiques au-dessous de l'encoche vésiculaire, et une image de ce genre est une forte présomption en faveur de l'existence de calculs vésiculaires. Par contre, les cholécystites calculeuses atrophiques, dans les cas où la vésicule est réduite à l'état d'un petit moignon fibreux, peuvent passer inaperçues.

En cas de doute d'interprétation, on pourra recourir au

1. P. Duval et Henri Béclère. *Bulletin de la Société de Radiologie médicale de France,* 9 mars 1920, p. 57.

pneumopéritoine qui donne des images encore plus démonstratives, et sépare mieux le plan hépatique du plan rénal; mais c'est là une méthode d'exception qui ne va pas sans quelques inconvénients.

C'est encore la distension gazeuse de l'estomac qui permettra le mieux d'étudier une déformation spéciale du bord inférieur du foie, figurée par Cruveilhier dans son atlas, décrite par Trousseau dans une de ses cliniques en 1864, par Terrier et Baudouin, par Riedel en 1888, et décrite souvent à tort sous le nom de « *lobe de Riedel* ». Cette déformation est très importante à connaître, car elle peut être prise pour une vésicule augmentée de volume, et le nom de *languette hépatique*[1] en donne une idée assez exacte. Quand, dans un cas de ce genre, on suit par la palpation le bord inférieur du foie, on sent, après une première encoche mousse, se détacher une masse saillante, arrondie ou oblongue à surface lisse et ferme, et qui paraît située à l'union des lobes droit et gauche du foie, un second angle mousse la séparant du lobe gauche. Au cours des interventions chirurgicales, on voit cette hypertrophie partielle du foie avoir des rapports intimes, avec une vésicule calculeuse, soit que celle-ci soit directement recouverte par la languette, soit qu'elle en longe le bord gauche, cas le plus fréquent, ou le bord droit. Le mécanisme de cette déformation hépatique est probablement complexe, et il semble qu'il y ait à la fois *action mécanique*, la vésicule augmentée de volume et de poids exerçant dans le sens vertical une véritable *traction* sur le parenchyme du foie, et une *action inflammatoire*, due à la propagation par voie

1. F. LÓPEZ. Languette hépatique et lithiase biliaire. *Thèse de Lyon*, 1918.

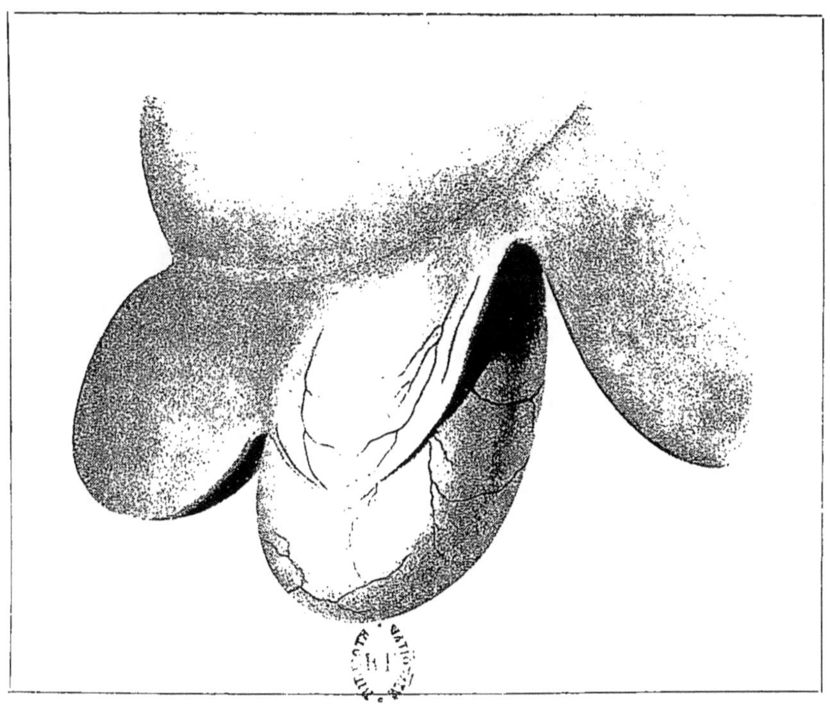

Languette hépatique, avec vésicule dilatée et contenant un calcul enclavé dans le col cystique et trois calculs libres.

CRUVEILHIER — *Atlas d'anatomie pathologique.* Livraison 29, pl. 4.

lymphatique de l'inflammation des voies biliaires, vésicule ou cholédoque, au tissu hépatique adjacent. La languette hépatique a pu être observée même en, cas de calculs isolés du cholédoque, mais elle est beaucoup plus commune dans la lithiase vésiculaire.

Pour éviter de confondre une telle lésion avec une simple distension de la vésicule, on devra recourir à la *palpation* et à la *radiologie*.

La palpation permettra de reconnaître et de suivre le bord hépatique, et montrera que la masse constatée se limite inférieurement par un *bord tranchant* ; c'est là le signe caractéristique, celui qui éloigne toute cause d'erreur, toute vésicule hypertrophiée se limitant au contraire inférieurement par une *surface globuleuse*, sans bord tranchant, qui correspond à son fond arrondi, très différent par cela même du rebord typique de la languette hépatique.

L'examen radioscopique confirme et complète ces données objectives de la palpation, et permet souvent de dissocier l'image vésiculaire, située sur un plan plus profond, de la languette hépatique plus superficielle.

2° *Recherche des adhérences interviscérales de la région vésiculaire.* Ici, c'est après absorption de la bouillie opaque que l'on pourra juger de la forme, de la direction de l'estomac, de la mobilité conservée ou abolie de la fosse pylorique.

Rien de plus commun, nous le verrons, dans les vieilles lithiases que l'existence de tractus fibreux, souvent denses et serrés, qui unissent la vésicule enflammée chroniquement à la région pyloro-duodénale ou à l'angle droit du côlon.

D'après une statistique de Smithies [1], des adhérences

1. SMITHIES. *Journ. of Amer. Medical Association*, 30 novembre 1918.

existaient 489 fois sur 1000 cas de maladies de la vésicule, reliant celle-ci aux divers organes du quadrant droit de l'abdomen, dans la proportion suivante :

24 fois pour 100 au canal cystique,
22 —   — au duodénum,
10 —   — au pylore,
10 —   — à l'épiploon,
 9 —   — à l'angle hépatique du côlon ou du transverse.

Dans les cas de ce genre, l'estomac tend à devenir transversal, la fosse pylorique remonte vers la face inférieure du foie et ne peut se mobiliser par la pression abdominale ; les fonctions pyloriques sont troublées, tantôt par insuffisance et évacuation trop rapide, tantôt par rétention et sténose sous-pylorique. La localisation nette d'une douleur provoquée par la pression au niveau de la zone d'adhérences est également un signe que l'on devra rechercher.

Mais il ne faut pas oublier que les adhérences interviscérales sous-hépatiques n'ont pas toujours pour point de départ *la vésicule*, et que l'*ulcus duodénal* peut provoquer mêmes réactions scléreuses locales, et même syndrome radioscopique. C'est là une des plus grandes difficultés de la clinique lithiasique et nous aurons à y revenir.

Mêmes réserves doivent être faites à propos des adhérences entre la région vésiculaire et l'angle droit du côlon, et on devra recourir dans ce cas soit à la distension gazeuse du côlon, soit au lavement baryté. Toutes ces recherches d'adhérences doivent du reste être faites très prudemment pour ne pas provoquer de réactions douloureuses ou inflammatoires.

3° *Visibilité des calculs biliaires,* recherchée actuellement par la méthode dite américaine, en décubitus abdominal, la région vésiculaire étant en contact avec la plaque réceptrice. Nous savons déjà que les calculs de cholestérine pure ont un degré de transparence trop voisin de celui des tissus ambiants pour pouvoir être distingués. Mais beaucoup plus souvent on a affaire à des calculs mixtes, contenant une proportion plus ou moins grande de chaux, et pouvant par cela même se délimiter sur la plaque, si bien que, avec les progrès incessants de la technique, la proportion des calculs visibles va en augmentant. D'une manière générale, les calculs de la vésicule sont plus souvent visibles que ceux du cholédoque, et ils se montrent sous les deux aspects typiques que nous connaissons déjà, calculs *solitaires,* ou peu nombreux, sphéroïdaux, ayant en moyenne le volume d'une cerise, et *calculs à facettes,* nombreux, contigus et comme emboîtés entre eux, donnant sur la plaque un aspect en mosaïque très caractéristique. Dans des cas particulièrement heureux, comme un cas de Pierre Duval et Henri Béclère, on a pu suivre et compter les calculs à facettes dans la vésicule et dans le cholédoque, et l'opération a confirmé les résultats si précis de la radiographie.

Il va sans dire qu'il est des causes d'erreur ou de confusion que l'on ne doit pas ignorer, et qu'il y a un diagnostic radiologique différentiel, dans le détail duquel nous ne pouvons entrer, et qui permettra de ne pas confondre des cholélithes avec la calcification des derniers cartilages costaux, avec les calculs du rein droit, avec les ganglions mésentériques calcifiés.

De plus, la radiographie ne montre pas toujours *tous* les

calculs biliaires existants. Ainsi, chez une jeune femme, la radiographie décèle *deux* calculs vésiculaires du volume d'une cerise, alors que l'opération en fit trouver *quatre*. Chez une autre malade, en état d'infection biliaire calculeuse, la radiographie montre dans la vésicule un calcul solitaire gros comme une bille, mais l'opération révèle en outre l'existence de *trois calculs cholédociens* qui étaient restés invisibles.

Il faut donc toujours, en matière de radiographie biliaire, faire quelques réserves. Un résultat négatif ne permet aucunement de conclure à la non-existence de cholélithes, et un résultat positif peut ne donner qu'une vision incomplète de la réalité. Il n'en reste pas moins que l'examen radiologique reste une ressource précieuse pour la clinique, et qu'il y aura toujours grande utilité à y recourir.

Ceci étant, il reste une dernière question d'ordre thérapeutique dont il nous faut dès maintenant dire un mot. Quelles conséquences un examen radiologique doit-il entraîner pour cette question capitale qui domine tout le traitement de la lithiase biliaire, celle des *indications opératoires*. Il est évident que la situation clinique d'un lithiasique avéré n'est modifiée en rien par la constatation radiographique de calculs vésiculaires; le malade reste ce qu'il était, avec ses crises douloureuses plus ou moins fréquentes, compliquées ou non; il ne s'est ajouté qu'un élément de certitude au diagnostic qui avait été porté. Mais cela est déjà beaucoup, et ne peut pas rester indifférent au conseil du médecin et à la détermination du malade. En fait, un calcul *vu* est un calcul à enlever, et les malades en jugent ainsi; bien souvent une opération jusque-là refusée est acceptée ou même demandée quand le cliché radiographique intervient dans le débat. A plus forte raison, la constatation de calculs cholédociens doit-elle entraîner un conseil formel d'intervention opératoire.

Il en va de même pour les *adhérences douloureuses*, révélées par la radioscopie, et pour lesquelles il est bien évident qu'un traitement médical ne peut que rester inefficace.

Ainsi s'affirme, sur le terrain du diagnostic aussi bien que sur celui des indications thérapeutiques, l'importance chaque jour plus grande des méthodes radiologiques appliquées à l'étude clinique de la cholélithiase.

CHAPITRE VIII

DIAGNOSTIC DES ÉTATS DOULOUREUX D'ORIGINE VÉSICULAIRE

Jusqu'à présent nous avons appris à connaître les réactions vésiculaires soit dans leur forme symptomatique la plus typique, la colique hépatique, soit par les lésions anatomiques qui correspondent aux cholécystites aiguës ou chroniques. Mais de ces cholécystites elles-mêmes il nous reste à étudier le tableau clinique, et à voir comment nous pourrons en préciser le diagnostic en les distinguant d'autres syndromes, très différents par leurs origines organiques, mais parfois d'une similitude symptomatique troublante pour le clinicien. En fait, c'est le diagnostic différentiel des *états douloureux de la région sous-hépatique,* en prenant ce dernier mot dans son sens le plus large, que je voudrais essayer d'exposer.

Rien de plus simple parfois que de résoudre ce problème qui se présente chaque jour à nous dans la pratique, mais souvent aussi rien de plus difficile et incertain. Nous ne nous en étonnerons pas, si nous nous rappelons la multiplicité des états douloureux abdominaux, leur variabilité clinique, la fréquence de leurs formes frustes et atypiques aussi bien que de leurs associations entre eux, la physionomie très analogue de certains de leurs symptômes, enfin les degrés variables des réactions individuelles.

C'est donc là une très grosse question de pratique, dont la chirurgie moderne a seule rendu possible l'étude en même temps qu'elle en faisait naître l'urgence; elle touche à beaucoup des plus grands côtés de la pathologie abdominale, et pour la discuter nous devrons recourir à tous nos moyens d'investigation, interrogation et examen direct des malades, chimisme gastrique, enquête hématologique, radiologie, épreuve thérapeutique. Ce n'est qu'au prix d'une enquête très méthodique et très complète que nous pourrons, dans chaque cas, arriver à quelques conclusions précises.

On peut, d'après les données objectives de la clinique, distinguer trois groupes de faits : cas où il s'agit d'*une crise isolée*, la première ou la seule, ou qui ne se reproduira qu'à intervalles très longs, sous forme d'unités cliniques bien distinctes; — cas où les crises *se répètent* plus ou moins fréquemment, tout en restant séparées par des intervalles de santé parfaite; — cas enfin où les malades ne cessent presque pas de souffrir, où s'établit un *état douloureux*, à la fois continu et paroxystique. Chacune de ces modalités comporte des questions spéciales de diagnostic différentiel.

I. — **Les crises isolées** répondent avant tout au diagnostic de la colique hépatique, et de celle-ci nous connaissons déjà les signes fonctionnels, les points douloureux, l'évolution générale.

Si nous assistons à la crise elle-même, si nous faisons

de notre malade un examen complet et dirigé suivant les règles que nous avons indiquées, le diagnostic exact sera en général assez facile. En dehors de la colique hépatique de quoi pourrait-il s'agir? D'une crise néphrétique droite?

Mais celle-ci a des caractères bien spéciaux, de douleurs partant de la fosse lombaire, puis descendant le long du trajet urétéral, s'irradiant vers la vessie, l'extrémité pénienne, s'accompagnant de rétraction scrotale, de troubles urinaires et parfois d'hématurie. Même à titre rétrospectif, et par l'interrogation ultérieure du malade, il est rare que l'on ne puisse différencier ces deux viscéralgies, qui n'ont en somme de commun que leur début brusque, leur siège dans le flanc droit, les réactions nauséeuses ou émétisantes qu'elles déterminent, la nécessité où l'on est souvent de recourir à l'injection de morphine. Dans les cas qui restent douteux, la séparation des urines, comme l'a récemment proposé M. Adenot, trouverait son indication.

Beaucoup plus facile est la confusion possible avec ce que Dieulafoy appelait la *grande maladie abdominale*, avec l'appendicite : douleurs de siège très voisin, et pouvant être d'une extrême acuité, à début brusque, avec vomissements, parfois avec ictère et retentissement hépatique, fièvre qui peut simuler la fièvre bilio-septique, voilà bien de quoi rendre l'erreur possible si l'on n'est pas sur ses gardes. En matière d'état douloureux abdominal, *toujours penser à l'appendicite, toujours pratiquer un examen complet et méthodique de tout l'abdomen*, voilà, à mon avis, la grande règle pratique, le devoir clinique, le seul moyen d'éviter les erreurs les plus préjudiciables aux malades. Et celles-ci sont loin d'être rares.

On peut se trouver parfois dans des circonstances vraiment difficiles. Il y a une quinzaine d'années, un malade, que je connaissais personnellement, mais n'avais pas eu encore l'occasion de soigner, me fait appeler pour une crise douloureuse abdominale, et me reçoit en me disant : « J'ai ma colique hépatique », et plusieurs fois en effet dans le passé il avait eu des paroxysmes douloureux ainsi qualifiés. Je l'examine, et lui trouve une appendicite aiguë non douteuse, et des plus graves. Mais l'opinion du malade et de sa famille était faite, et il me fallut quatre jours de discussion et de lutte pour pouvoir faire accepter la réforme de ce diagnostic *a priori*, et pour obtenir qu'un chirurgien fût appelé. L'intervention fut pratiquée, mais trop tard, dans les plus fâcheuses conditions, et le malade mourut, victime de son erreur personnelle de diagnostic. Avait-il eu vraiment auparavant des coliques hépatiques, ou toutes ses crises avaient-elles été d'origine appendiculaire, c'est ce que je n'ai jamais pu préciser.

Donc, examen complet, et avoir l'esprit toujours en éveil; ne rien négliger, ni la palpation méthodique du ventre, ni les caractères du pouls, de la température, des urines, des matières fécales; interroger à fond le malade, lui demander s'il a déjà eu des crises analogues, ou ébauchées, ou des gastralgies inattendues, ou des indigestions brusques; savoir dans quelles conditions la crise s'est produite, si c'est après un écart de régime, une fatigue, un voyage, un choc émotif. Comme occasions communes à la colique hépatique et à l'appendicite il n'y a guère que la gravidité.

Mais, à part cela, on peut dire que l'étiologie saisissable de la crise diffère dans les deux cas, pour l'appendicite, pas de cause appréciable, sauf assez souvent la *grippe* chez le sujet ou dans le milieu familial ; pour la colique hépatique, l'enquête clinique permet souvent mieux de préciser la cause de *déclenchement*, un écart de régime, un voyage fatigant, des secousses brusques, ou un choc nerveux émotif. Rien de tout cela ne doit être négligé dans notre interrogatoire.

II. — **Les crises à répétition**, séparées par des intervalles de santé relative, nous posent bien encore les mêmes questions de diagnostic, appendicite récidivante, coliques néphrétiques, mais en outre d'autres éventualités cliniques doivent être discutées.

N'oublions pas que, dans la région sous-hépatique, et presque sur le même axe antéro-postérieur, se superposent trois organes dont chacun peut devenir le point de départ de paroxysmes douloureux : la vésicule biliaire, l'angle colique droit, le rein droit.

Chez certains sujets atteints de colite muco-membraneuse se produisent des crises plus ou moins fréquentes dont la localisation est en plein flanc droit, et qui peuvent s'accompagner de troubles circulatoires, nerveux, ou même syncopaux et parfois inquiétants. Mais si la topographie des douleurs rappelle un peu celle des coliques hépatiques ou des cholécystites, les phénomènes concomitants de colique *en travers du ventre*, de diarrhée muqueuse ou même de débâcles glaireuses ou membraneuses, la coexistence fréquente d'une appendicite chronique, enfin les antécédents des sujets qui sont de nature intestinale beaucoup plus que biliaire, éviteront toute erreur d'interprétation.

En dehors des coliques néphrétiques, le rein droit peut devenir douloureux par le fait de sa ptose et de crise d'*hydronéphrose intermittente*. Celles-ci sont très souvent méconnues, et l'erreur est d'autant plus facile à commettre que le rein droit abaissé, augmenté de volume et douloureux, peut très facilement être pris pour une vésicule distendue.

Nous avons déjà vu quels étaient les éléments du diagnostic différentiel, forme et profondeur relative des deux organes, réductibilité et immobilité respiratoire du rein droit, tandis que la vésicule n'est pas refoulable, mais suit les mouvements du diaphragme, étude des troubles de la sécrétion urinaire. A ces divers symptômes ajoutons-en un dernier dont la valeur n'est pas moins grande, le soulagement de la douleur par une pression profonde exercée de bas en haut dans l'hypocondre droit. Une de mes malades, quand elle était en état de crise, se faisait ainsi comprimer tout le flanc droit par les deux poings de son mari. La diminution de souffrance ainsi obtenue élimine toute possibilité d'un processus appendiculaire ou vésiculaire, et doit immédiatement faire penser à un trouble mécanique de la statique abdominale, et en particulier à un rein droit abaissé et à crises passagères de rétention.

Méfions-nous, du reste, de tous les ventres à ptose, soit qu'il s'agisse de ventres plats à flaccidité hypotonique, soit que nous ayons affaire à des femmes obèses atteintes de prolapsus adipeux abdominal. Chez tous ces sujets, et ils sont légion, pratiquons l'épreuve de la sangle de Glénard en nous plaçant derrière eux et en soulevant toute la masse abdominale prolabée, de bas en haut, avec les deux mains entre-croisées. Faisons porter une ceinture appropriée, et souvent nous verrons très rapidement s'atténuer ou disparaître des phénomènes douloureux que la méconnaissance de cet état de splanchnoptose aurait pu faire attribuer à différentes lésions viscérales.

Mais voici une autre série de cas, qui sont loin d'être rares et ont plus d'une fois conduit à de fâcheuses méprises. Un malade est pris de temps en temps, sans cause appréciable, de grandes crises épigastralgiques ou sous-hépatiques, avec vomissements répétés et intolérance gastrique complète. Il n'a du reste ni fièvre, ni ictère, ni décoloration fécale. La crise dure quelques heures ou même plusieurs jours, cède parfois à une ou deux injections de morphine, puis tout rentre dans l'ordre. On examine les différents organes abdominaux et les résultats de cet examen sont négatifs. Que l'on ne pense pas au tabes, et on admettra assez facilement l'existence de coliques vésiculaires, on pourra même aller jusqu'à conseiller et pratiquer une intervention chirurgicale qui, naturellement, n'amènera aucune guérison et n'aura d'autre résultat que d'engager de la façon la plus grave la responsabilité du médecin et du chirurgien. Plus d'un fait de ce genre pourrait être cité. Et cependant combien l'erreur est facile à éviter pour qui connaît la fréquence et le polymorphisme symptomatique des *viscéralgies tabétiques!*

Interroger avec soin les antécédents du malade, chercher l'état de la réflectivité pupillaire, des réflexes rotuliens et achilléens, constater l'existence de douleurs fulgurantes ou en ceinture, ou de quelque autre des signes si nombreux et si typiques du tabes, au besoin pratiquer une ponction lombaire, voilà bien des moyens d'éviter de déplorables confusions.

Toutes ces causes d'erreur supprimées, notre examen clinique nous conduit donc à la conclusion suivante : c'est bien la vésicule qui est en cause, et elle est le siège probable de calculs biliaires.

Mais s'agit-il d'une simple *colique hépatique* ou d'une poussée de *cholécystite subaiguë ou aiguë*?

Entre les deux processus la frontière est difficile à tracer, et déjà nous avons vu que souvent la colique hépatique la plus simple s'accompagne de leucocytose légère et de polynucléose. Mais ce ne sont là que les ébauches, d'ordre hématologique, d'une réaction inflammatoire plus intéressante au point de vue de la pathologie générale que de la clinique, et les faits de ce genre forment le passage entre la réaction fonctionnelle et la minime poussée infectieuse vésiculaire.

Déjà plus significatifs sont les cas, très communs, où la colique hépatique s'accompagne d'un *accès fébrile* de courte durée, mais parfois très intense ; c'est ce que Charcot appelait la *fièvre hépatalgique*, dont la valeur est tout autre que celle du simple frisson. L'accès fébrile qui survient au cours d'une colique hépatique, pour si éphémère qu'il puisse être, n'en décèle pas moins l'*infection biliaire*, et fait transition avec les cas plus complètement caractérisés de *cholécystite calculeuse* aiguë ou subaiguë.

Les signes révélateurs de la cholécystite sont d'abord la tuméfaction douloureuse de la vésicule qui reste en état d'éréthisme inflammatoire, d'hypertension durable. La douleur n'est plus simplement paroxystique et à forme de crampe ou de colique, elle est continue, profonde, exacerbée par la moindre pression ou par les inspirations profondes. Le ventre est tendu, résistant, en état de défense musculaire, donnant parfois, dans les cas très aigus, la sensation du *ventre de bois.* La fièvre est constante et revêt souvent le type rémittent ou intermittent, à grands accès irréguliers, quotidiens ou non périodiques, résistant à la médication quinique, et toujours accompagnés, au moment du paroxysme fébrile de leucocytose intense avec poly-nucléose.

Les tracés thermométriques et leucocytaires sont parallèles et presque superposables ; ils montrent l'existence d'une infection biliaire qui, dans la règle, ne porte pas seulement sur la vésicule, il y a *angiocholécystite.*

L'ictère est à peu près constant dans les cas de ce genre, et relève bien plus de l'angiocholite que de la lithiase elle-même.

La cholécystite calculeuse survient le plus souvent chez des sujets atteints depuis longtemps d'accidents lithiasiques, et décèle l'état secondaire d'infection des voies biliaires. Mais il n'est pas rare de la voir compliquer la *première* colique hépatique, soit qu'il s'agisse de lithiase jeune, à infection immédiate ou précoce, soit que le calcul soit d'origine aseptique et formé de cholestérine radiaire. Une de mes malades, sans antécédents lithiasiques, fut prise inopinément d'une grande colique hépatique avec symptômes graves de cholécystite aiguë ; on dut intervenir à chaud, et l'opération montra l'existence d'une cholé-cystite suppurée développée autour d'un gros calcul solitaire, cholestérinique et d'existence certainement très ancienne.

Les accidents peuvent être encore beaucoup plus inquiétants : au cours de l'épisode aigu, éclate une douleur encore plus intense, *déchirante,* en pleine région sous-hépatique, avec contracture du ventre supérieur du droit, *ventre en bois* dans l'hypocondre droit, c'est le signe d'une *perforation vésiculaire*, avec migration du calcul et du pus dans la cavité péritonéale ou dans une zone inflammatoire d'adhérences protectrices et d'épiploïte.

Dans ces formes suraiguës, la contracture supérieure du droit, et parfois aussi la *crépitation péritonitique* sous-hépatique recherchée par une auscultation très prudente de la région, pourra être d'un grand secours pour le diagnostic.

Les cholécystites suppurées peuvent également provoquer une réaction phlegmoneuse de voisinage ; la vésicule cesse d'être isolable par la palpation et se confond avec un empâtement profond, diffus, faisant plastron et occupant toute la région sous-hépatique, dans lequel la fluctuation ne devient perceptible que tardivement, quand la collection évolue vers la superficie. Si on n'intervient pas, le pus s'évacue au dehors, et cette ouverture spontanée devient le point de départ d'une fistule biliaire externe, ou il est rejeté par la voie intestinale en cas de déhiscence profonde. Tous ces modes de terminaison des cholécystites aiguës ne s'observent plus guère aujourd'hui, grâce au traitement précoce par les applications locales de glace et à la surveillance ou à l'intervention du chirurgien.

Par contre, la virulence infectieuse peut être telle que la vésicule se gangrène, que des infections anaérobiques et gazeuses se produisent, que la mort survient au milieu des accidents les plus graves malgré l'ouverture et le drainage du foyer sous-hépatique.

Mais ces formes terribles sont heureusement exceptionnelles, et, dans la règle, ou bien la cholécystite est opérée et guérit, ou, sans intervention, les accidents s'atténuent mais guérissent rarement d'une façon complète, laissant après eux une *cholécystite chronique*, et cela nous conduit à notre troisième groupe de faits.

III. — Les *états douloureux* de la région sous-hépatique, plus ou moins continus et paroxystiques, correspondent à une série de processus organiques, parmi lesquels se place au premier rang la *cholécystite chronique calculeuse*.

Celle-ci succède habituellement à une ou plusieurs coliques hépatiques, et le cas suivant en donne un exemple très classique : un homme de 37 ans, très vigoureux, subit il y a huit mois, sa première crise de colique hépatique ; celle-ci est très intense, se prolonge pendant huit jours et nécessite 24 injections de morphine : pas d'ictère, mais fièvre légère. Depuis lors, ce malade resouffre d'une manière aiguë tous les 10 à 15 jours, et reste tout le temps avec une sensation de lourdeur, d'endolorissement au-dessous des fausses côtes droites. A la pression, sensibilité exquise au niveau de la vésicule et du phrénique droit ; irradiations postérieures au-dessous de la pointe de l'omoplate. Fèces de temps en temps décolorées.

Voilà le cas type, celui qu'il faut opérer, où l'on a toutes chances de trouver une vésicule habitée et enflammée, sans que, du reste, chez les sujets *en état de mal vésiculaire*, on puisse toujours faire d'avance la part respective de ce qui revient aux calculs de la vésicule et à l'état inflammatoire de celle-ci.

Rien de plus variable, rien de plus trompeur que ces processus vésiculaires chroniques, pas de chirurgie qui nous réserve plus de surprises! Que pouvons-nous affirmer de ces malades, même l'origine lithiasique de leurs accidents reconnue? Qu'ils souffrent de leur vésicule et probablement par le fait de calculs biliaires, que leur vésicule est ou n'est pas perceptible à la palpation, que leur canalisation est ou n'est pas intéressée. Mais le nombre, le volume, la forme des calculs nous restent inconnus (sauf le cas, sur lequel nous reviendrons, des calculs à facettes), et nous ne pouvons pas dire davantage si la vésicule est plus ou moins scléreuse, atrophiée, entourée d'adhérences. Tout cela, c'est la radiologie d'abord, puis la constatation opératoire qui peuvent le préciser.

Même pour arriver à un diagnostic sommaire de calculose hépatique avec cholécystite, combien de causes d'erreur sont à éviter! Sans pouvoir ici les examiner toutes, je voudrais étudier trois des principales difficultés que rencontre la détermination clinique des états douloureux sous-hépatiques.

1° L'état douloureux est-il d'origine *vésiculaire* ou *pyloro-duodénale?* Question qui se présente chaque jour dans la pratique et sur laquelle trop souvent, malgré l'enquête la plus méthodique, il est singulièrement malaisé de conclure.

C'est qu'en effet vésicule et région pyloro-duodénale sont à la fois en *proximité anatomique* et en *synchronisme physiologique.* C'est au moment où le chyme franchit la barrière pylorique que se produit le réflexe chimique de Pawlow; la bile est sécrétée en abondance, la vésicule se contracte, l'afflux biliaire se produit dans l'intestin. La synergie des deux appareils nous explique qu'il y ait un parallélisme, une sorte de concordance horaire, entre les

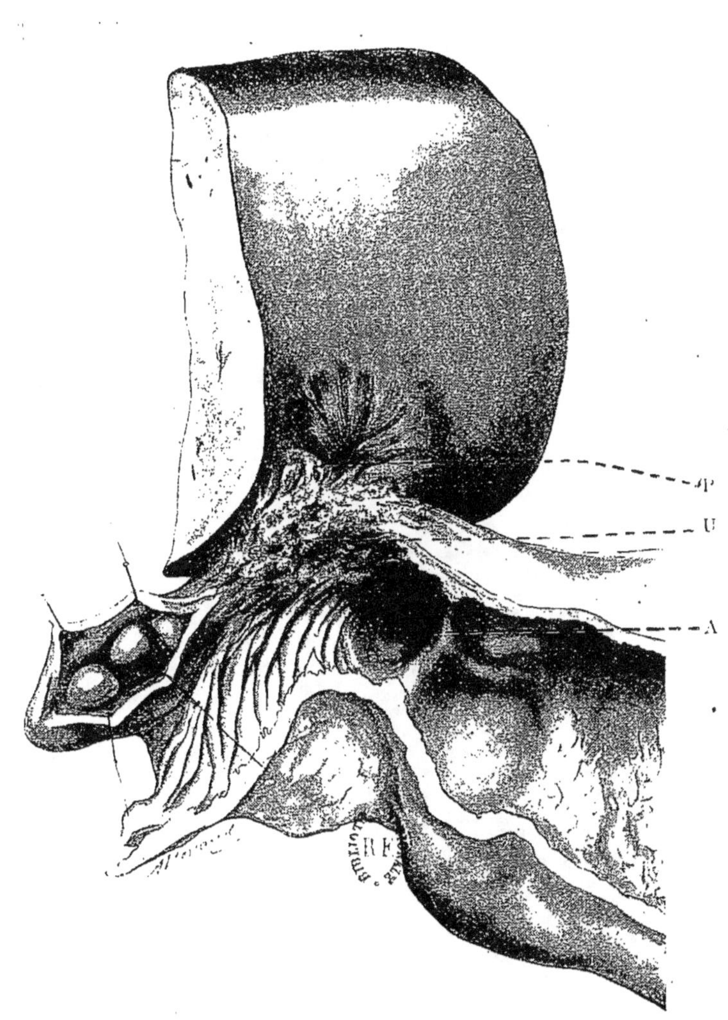

Adhérences complexes, soudant ensemble un ancien ulcus cicatrisé du duodénum, une vésicule bourrée de calculs et la face inférieure du foie.

douleurs provenant de la vésicule et de la région pyloro-duodénale, douleurs *tardives*, et survenant dans la seconde période de la traversée digestive.

D'autre part, qu'il s'agisse d'une cholécystite chronique ou d'un ulcus duodénal, dans les deux cas se développent des adhérences fibreuses, souvent très serrées, qui relient et soudent pour ainsi dire les organes de la région sous-hépatique. Mais dans cette nappe scléreuse il est très diffi-cile, même chirurgicalement, de préciser l'origine du pro-cessus, de dire si les adhérences sont parties de la vésicule enflammée ou du duodénum ulcéré.

La Pl. XX montre bien la difficulté parfois insurmon-table que présente la dissociation clinique de lésions intimement adhérentes. Ici, sténose ulcéreuse sous-pylo-rique, adhérences fibreuses avec le foie, et une cholécys-tite calculeuse, ne formaient qu'une seule masse inflam-matoire dans laquelle il était bien impossible de préciser la part pathogénique respective de chacune des lésions.

Il est clair que, pour les *cas types*, la réponse clinique sera relativement facile. Pour les lithiases à crises franches, pour les ulcus hémorragiques de l'estomac ou du duodé-num, il n'y a guère place à l'hésitation.

Mais les cas atypiques, obscurs, interprétables dans les deux sens, sont peut-être encore plus fréquents.

Certains cholélithiasiques, après une ou plusieurs crises, souvent encore pendant la période de subictère, sont pris d'*hémorragie intestinale*, rouge d'abord, puis meloenique. Kehr, dans sa statistique, donne une proportion de 100 meloe-nas sur 1 838 malades opérés par lui. On comprend la surprise et l'inquiétude du médecin devant cette complication aussi grave qu'inattendue. J'en ai vu un certain nombre d'exemples, et toujours la question que me posaient les confrères qui me montraient ces malades était la même : est-ce bien une lithiase, ne s'agit-il pas d'un cancer? Puisque nous rencontrons sur notre chemin cette question des hémorragies intestinales dans la cholélithiase, disons qu'elles peuvent reconnaître plusieurs causes : une dégénérescence cancéreuse vatérienne ou duodénale; exceptionnellement, une ulcération de l'artère hépatique par calculs biliaires de voisinage, l'ouverture d'une vésicule adhérente dans le colon ou le duodénum ; le plus souvent une duodénite congestive ou érosive. Les cinq ou six cas de ce genre que j'ai vus ont guéri, et on comprend, en l'absence d'autopsies, combien l'interprétation pathogénique reste douteuse, mais il me paraît très probable, étant donnée la fréquence de l'hyperchlorhydrie chez les lithiasiques, qu'il s'agit de petites érosions hémorragiques du duodénum.

Ainsi certaines lithiases peuvent donner lieu à des hémorragies intestinales, et, par contre, celles-ci peuvent faire défaut, même à l'état occulte, dans les formes très douloureuses d'ulcus duodénal. Tel était le cas d'un homme de 45 ans, atteint presque chaque jour de crises douloureuses tardives dans la région sous-hépatique, avec des adhérences que révélait l'examen radiologique. En l'absence de toute hémorragie, et tenant compte qu'une fois un ictère passager s'était montré, le diagnostic de cholécystite chronique fut porté, et en réalité l'opération montra l'existence d'un ulcus duodénal relié à la vésicule et au hile du foie par des adhérences très serrées.

Dans ces cas, qui sont loin d'être rares, l'hésitation est fréquente, et même certains chirurgiens, tels que Riedel, les frères Mayo, considèrent le diagnostic différentiel comme pouvant être impossible. C'est aller un peu loin, et pour difficile qu'il soit, nous ne devons pas renoncer à essayer de préciser ce diagnostic, en faisant appel à toutes les méthodes cliniques et de laboratoire dont nous disposons actuellement.

L'interrogatoire du malade sera aussi méthodique et minutieux que possible ; nous tiendrons compte de tous ses antécédents, nous ferons préciser les caractères des crises, leur heure d'apparition, leur durée, leur mode de terminaison ; nous demanderons si elles sont calmées par l'ingestion de certains aliments, ou exacerbées par d'autres (vin, café, thé, salades, fruits). Nous rechercherons l'existence et la localisation exacte des points douloureux, sans négliger le point *phrénique droit*, très caractéristique de la lithiase.

Au contraire, dans l'ulcus duodénal, c'est un point phrénique *gauche* que l'on constaterait, d'après Cade et Parturier. De même, le point douloureux sous-hépatique serait exagéré par l'inspiration profonde en cas de cholécystite, non modifié en cas d'ulcus duodénal.

Cette recherche des points douloureux sera complétée par l'*examen radiologique*, de première importance en pareil cas. Le malade sera examiné debout et couché, et on contrôlera sous l'écran la topographie organique de la zone douloureuse. Si celle-ci correspond exactement à la région vésiculaire, ce sera là un renseignement très important : si elle se superpose au bulbe duodénal, ce sera un argument de probabilité, mais nullement de certitude, en faveur d'un ulcus du duodénum, si elle paraît être cœliaque, la valeur de la constatation restera très douteuse.

C'est encore la radiologie qui nous montrera les adhérences duodéno-sous-hépatiques, la position transverse de l'estomac, l'ascension et la fixité de la région pylorique. parfois, en cas d'ulcus duodénal, la béance pylorique et l'évacuation trop rapide du contenu gastrique. Elle nous donnera donc les informations les plus nécessaires, sans que cependant celles-ci soient toujours décisives et puissent nous permettre de reconnaître avec certitude le point de départ du processus inflammatoire ou sclérogène, vésicule ou duodénum.

De même, les adhérences d'origine lithiasique peuvent montrer sur l'écran un syndrome de sténose sous-pylorique, ou une image de la fosse pylorique de type lacunaire. L'interprétation radiologique ne devra donc jamais s'isoler de toute l'histoire clinique du malade et des autres symptômes concomitants que l'on peut constater.

Les matières fécales seront l'objet d'une enquête très complète, portant sur les hémorragies occultes, le dédoublement des matières grasses et leur coefficient d'utilisation, leur teneur en stercobiline et son chromogène, leurs périodes possibles de décoloration transitoire. avec l'aspect mastic ou argileux. De même, du côté des urines, on recherchera les traces de pigment biliaire, l'urobiline, au besoin la glycosurie provoquée, l'épreuve de la glaucurie et de ses intermittences.

L'examen du *chimisme gastrique* peut, suivant la phase à laquelle est arrivée la lithiase, donner des résultats différents, ainsi que l'a montré récemment Ohly[1].

---

[1]. A. OHLY. *Deutsche Mediʒinische Wochenschrift*, 17 juillet 1913, p. 1402.

Dans les cas récents, quand les accidents lithiasiques se montrent par exemple au cours ou à la suite d'une grossesse, ou que leur début date de moins de six mois, c'est un état hyperacide et hyperchlorhydrique que l'on constate.

Plus tard, dans les vieilles lithiases ou en cas de cholécystite chronique, ou quand la vésicule est bloquée par un calcul ou a été enlevée chirurgicalement, l'état anachlorhydrique ou hypochlorhydrique existe dans une proportion de 70 à 86 pour 100. Sur 43 cas, Ohly trouve 24 fois l'anachlorhydrie et 12 fois l'hypochlorhydrie.

Ainsi, au point de vue du diagnostic, la constatation, au cours d'un syndrome douloureux ancien de la région sous-hépatique, d'un état ana ou hypochlorhydrique plaide en faveur de la cholélithiase.

Ces conclusions de Ohly sont du reste conformes aux constatations antérieures de Hohlweg.

Après la cholécystectomie, l'hypochlorhydrie est la règle d'après Fravel[1].

Par contre, l'existence d'une hyperchlorhydrie notable sera tout en faveur du diagnostic d'ulcus juxta-pylorique.

De même, la *cholestérinémie* restera normale dans ce cas, sera augmentée s'il s'agit d'une cholélithiase. Chez un de mes malades, qui m'avait été présenté comme atteint de cholécystite chronique, la cholestérinémie fut trouvée physiologique. et ce fut là une des raisons qui me firent rejeter ce diagnostic; l'opération montra qu'il s'agissait d'une tumeur profonde, rétro-péritonéale, et que la vésicule était saine.

1. Fravel. *The Amer. Journ. of the Med. Science,* avril 1920, p. 512.

L'existence de périodes ictériques est de grande valeur, elle peut cependant tromper, et je viens d'en rappeler un exemple.

On voit combien est délicate l'interprétation de beaucoup de ces faits cliniques, qui correspondent à ce que Bouveret avait décrit comme sténoses ou compressions sous-pyloriques au cours de la lithiase biliaire.

Quand, malgré une enquête approfondie, on reste dans le doute, on soumettra très utilement le diagnostic hésitant au contrôle de l'*épreuve thérapeutique et diététique*. Mettons notre malade au régime lacto-farineux, faisons-lui prendre matin et soir une dose de 8 à 10 grammes de carbonate de bismuth, et, très rapidement, s'il s'agit d'un ulcus, nous obtiendrons au moins une sédation des douleurs. En cas de lithiase, le résultat sera douteux ou nul.

Ainsi, le clinicien devra pousser son enquête dans toutes les directions, chercher le symptôme décisif, le *fil conducteur* capable d'orienter son diagnostic. La constatation opératoire, s'il y a lieu, ne devra être que le dernier acte de cette enquête.

Une seconde cause d'embarras est la coexistence fréquente d'autres inflammations organiques associées à la cholécystite chronique, et en particulier de l'*appendicite chronique*. Dieulafoy nous a appris combien souvent retentissent l'une sur l'autre les infections de la vésicule et de l'appendice, que l'un ou l'autre des deux organes soit le premier atteint, et je crois, pour ma part, que la vésicule *commence* plus souvent que l'appendice. Mais il peut parfois être délicat de faire la part des deux processus. Mon collègue Pierre Duval me faisait voir, il y a deux ans, un de nos confrères chez qui il diagnostiquait une cholécystite calculeuse chronique ; le jour où je vis le malade, il n'existait aucun foyer douloureux au niveau de la vésicule, mais, par contre, un point de Mac Burney typique et qui me fit admettre l'existence d'une appendicite chonique. Nos deux diagnostics étaient exacts et se complétaient, car l'opération fit enlever une vésicule et un appendice malades tous les deux.

Une femme de mon service, âgée de 35 ans, et sans antécédents lithiasiques francs, souffre depuis deux ans dans les régions appendiculaire et sous-hépatique. La douleur appendiculaire semblant prédominer, on enlève un appendice scléreux et on résèque une partie de l'ovaire droit scléro-kystique. A la suite de cette intervention, les douleurs *basses* disparaissent, mais celles à localisation supérieure continuent, et chaque jour la malade est reprise de crises viscéralgiques profondes. La radioscopie montre une zone d'adhérences entre le duodénum, le gros intestin, et la région sous-hépatique, et c'est là que, sous l'écran, la pression réveille la douleur. En outre, on trouve les points vésiculaire, phrénique droit et sous-scapulaire ; ni les alcalins à haute dose, ni le régime ne soulagent la malade, et l'on constate une hypercholestérinémie à 2 gr. 3o. Nous concluons que cette femme reste atteinte de cholécystite chronique, probablement d'origine calculeuse et qu'une seconde opération sera nécessaire pour la guérir.

Il est évident que dans ces cas il vaut mieux n'intervenir qu'une fois, en choisissant une ligne d'incision qui permette d'explorer, et, s'il y a lieu, d'enlever vésicule et appendice.

Dans ces cas complexes de cholécysto-appendicite chro-

nique un rôle important revient à une autre lésion associée,
l'*épiploïte chronique*, compagne habituelle de toute inflammation chronique d'un viscère abdominal. Dans les cas de
ce genre, l'épiploon enflammé peut remonter vers la région
sous-hépatique, s'entourer d'adhérences, et donner lieu à
une tuméfaction profonde, à une localisation douloureuse,
à un syndrome qu'il est presque impossible de différencier
d'une cholécystite chronique.

Beaucoup de malades atteints de cholécystite chonique,
surtout les femmes, recourent à la morphine pour
soulager leurs souffrances, et deviennent assez rapidement
des *morphinomanes* et des *névropathes*. Dès lors, la situation se complique, et l'adjonction de cet élément toxique
et psychopathique peut rendre très difficile le jugement
médical. Ces malades souffrent-ils de par leur vésicule ou
de par leur besoin de morphine? C'est chaque jour presque
à heure fixe que la douleur reparaît, que l'injection de
morphine est réclamée, et ainsi se crée et s'entretient un
véritable cercle vicieux.

C'est là une des raisons pour lesquelles il convient chez
les lithiasiques chroniques d'être très ménager des injections de morphine, de n'y recourir qu'en cas de nécessité,
de les cesser le plus tôt possible. Si l'habitude est prise, si
une part de morphinisme paraît s'ajouter à l'état organique, il faut commencer par faire prudemment le *sevrage*.
la *cure de démorphinisation*. Ce n'est qu'après celle-ci effec-
tuée que l'on pourra voir ce qui reste, et quelle part réelle
revient, dans le syndrome douloureux, à la cholécystite
chronique.

Il est une dernière difficulté du diagnostic clinique qu'il

faut connaître, d'autant qu'elle n'est pas exceptionnelle, c'est l'existence possible, au cours des kystes hydatiques du foie, de crises que avec Quénu, j'ai proposé d'appeler *crises pseudo-lithiasiques*[1], d'autant qu'elles simulent absolument le tableau de la colique hépatique, comme points douloureux, comme phénomènes généraux, comme ictère par rétention.

Dans un certain nombre de faits, bien étudiés par Dévé[2] qui a pu en réunir une cinquantaine d'exemples, il y a coexistence d'un kyste hydatique du foie avec des calculs biliaires, le kyste hydatique tantôt comprimant un gros conduit biliaire avec calculs secondaires en amont du point comprimé, tantôt communiquant avec la vésicule biliaire, tantôt s'étant évacué dans la canalisation biliaire intra-hépatique. Dans les faits de ce genre, on trouve des calculs d'un noir verdâtre, généralement friables, formés surtout de *pigments*, ne contenant que peu de cholestérine ; à leur centre, on peut assez souvent constater la présence de débris réfringents de cuticule feuilletée. Il est évident que la connaissance de faits de ce genre doit faire pratiquer par le chirurgien qui opère un kyste hydatique du foie une exploration méthodique des voies biliaires.

On ne confondra pas un kyste hydatique à crises douloureuses avec une lithiase biliaire, si l'on a soin d'examiner le malade à nu, de cuber comparativement entre les deux mains, le volume des deux segments inférieurs du thorax, à droite et à gauche. Cette manœuvre permettra

1. A. CHAUFFARD. Les formes douloureuses des kystes hydatiques du foie. *Ann. de Méd.*, décembre 1917, p. 561.

2. F. DÉVÉ. Kystes hydatiques du foie et lithiase biliaire. *Soc. de Biologie*, 3 mai 1919, p. 419.

de constater une *ampliation thoracique* au niveau de la région hépatique, signe étranger à la symptomatologie de la cholélithiase, et d'importance très grande pour le diagnostic.

Nous sommes loin, dans cette étude générale, d'avoir épuisé la série des difficultés cliniques que peut présenter le diagnostic des cholécystites lithiasiques chroniques. La complexité des faits est infinie, et toutes les combinaisons symptomatiques et lésionnelles sont possibles. Lithiases associées, du foie, des reins, de l'intestin, troubles fonctionnels ou statiques du rein droit, ulcus chronique du duodénum ou de l'estomac, colite muco-membraneuse et appendicite chronique, salpingo-ovarite droite ou ovaire scléro-kystique, algies psychopathiques, voilà les éléments principaux de ces *états douloureux*, si pénibles pour les malades, si troublants souvent pour le médecin. Ils aboutissent tous à des *cas particuliers*, dont chacun doit être étudié en lui-même et soumis à l'analyse la plus attentive. Pour chaque cas, nous devons instituer l'enquête nécessaire, établir un *dossier médical* d'après lequel nous jugerons. Je n'ai pu ici qu'indiquer les ressources, aujourd'hui très multiples, dont dispose notre séméiologie, et la méthode générale suivant laquelle il convient de les mettre en œuvre.

Enfin, une fois le diagnostic de cholécystite chronique calculeuse posé, une dernière question peut et doit malheureusement assez souvent être discutée : chez un sujet amaigri, affaibli, qui ne se nourrit plus, en est-on encore au stade inflammatoire du processus, ou faut-il craindre une *cancérisation* secondaire de la vésicule ? On comprend toute la gravité pronostique d'une pareille possibilité.

En fait, les analogies symptomatiques peuvent être très grandes en tout ce qui concerne le siège de la douleur, l'ictère, les poussées fébriles, même l'apparence cachectique, mais quelques points de repère utiles peuvent cependant être précisés. N'oublions jamais de chercher s'il existe de l'*ascite* ou de l'*œdème sus-malléolaire*, signes du plus fâcheux augure. et qui permettent de conclure, presque avec certitude, dans le sens du cancer. J'en dirai autant de toute bosselure suspecte, de toute dureté circonscrite de la surface ou du rebord du foie, de la constatation d'une adénite sus-claviculaire à caractère néoplasique.

Mais sans aller si loin, et avant d'arriver à ces signes presque terminaux, il est, entre les deux séries de faits, des différences cliniques qu'il faut connaître. La vésicule cancérisée est *tout le temps* douloureuse, plus ou moins, avec des paroxysmes ou des rémissions, mais la douleur spontanée ne s'abolit jamais complètement, et la pression localisée l'exaspère ou la réveille. Par contre, les cholécystites chroniques bien soignées peuvent passer par des phases d'accalmie à peu près complète.

Pendant ces périodes de rémission, les malades remangent, reprennent des forces, et *leur poids augmente*, signe excellent que l'on peut voir se reproduire à plusieurs reprises au cours de la lente évolution de la maladie.

Rien de pareil dans le cancer de la vésicule lithiasique ; la continuité des douleurs et des troubles digestifs a pour conséquence une progression ininterrompue des accidents ; les malades ne cessent de maigrir, à moins que leur perte réelle de poids ne soit masquée par l'ascite ou par les œdèmes, ils s'affaiblissent de plus en plus, et aucune médication ne peut amener une amélioration, même passagère.

Telles sont, à mon avis, les données qui nous permettront, mais au prix souvent d'une observation un peu prolongée, de résoudre cette dernière et grave question relative aux états douloureux d'origine vésiculaire.

CHAPITRE IX

DIAGNOSTIC TOPOGRAPHIQUE
DES CALCULS BILIAIRES

Le diagnostic de *lithiase biliaire* n'est qu'un diagnostic général, et qui demande à être précisé et complété, au point de vue de la nature et du siège des cholélithes.

Dès qu'un malade se sait lithiasique, la question qui le préoccupe le plus est celle du nombre et du volume des calculs, et il est rare qu'il ne la pose avec insistance. Soyons très prudents dans notre réponse. Sans cesse, on voit des malades auxquels leur médecin a affirmé tantôt qu'ils n'avaient que de la boue biliaire, tantôt que leurs calculs étaient volumineux, nombreux, etc. En fait, et sauf radiographies positives, la plupart du temps nous ne pouvons cliniquement préciser ni le *nombre*, ni le *volume* des cholélithes. Seule la radiographie a pu, nous l'avons vu, donner des indications exactes, mais le plus souvent, nous devons nous garder de tout jugement *a priori*, de toute affirmation hasardée que l'intervention chirurgicale pourrait ne pas tarder à démentir. En matière de lithiase, nous constatons *les effets* plus que nous ne pouvons apprécier directement la cause. C'est d'après ces effets, qu'il faut, dans chaque cas, essayer de formuler un *diagnostic topo-graphique*, se demander *où* siègent les calculs biliaires, et on comprend toute l'importance de la question au point de vue des indications thérapeutiques et opératoires. Pour la résoudre, nous disposons d'assez nombreux points de repère, qu'il nous faut maintenant tenter de préciser.

Mais tout d'abord, n'oublions jamais qu'à côté des cas *purs*, où la lithiase est exclusivement vésiculaire ou cholédocienne, il y a nombre de cas *complexes*, où, par leur multiplicité, par leur envahissement de tout l'arbre biliaire, les cholélithes échappent à toute étroite tentative de localisation. La figure que j'emprunte à l'*Atlas d'Anatomie pathologique de Cruveilhier* en donne un très bel exemple.

Cherchons donc à donner à notre diagnostic le maximum de précision, mais sans vouloir aboutir à des conclusions trop absolues ; la chirurgie biliaire nous a appris à toujours compter avec l'imprévu.

Avec Terrier, Quénu, Hartmann, Tuffier, les chirurgiens français distinguent, dans le tractus biliaire, la *voie principale*, c'est-à-dire les hépatiques et le cholédoque, et d'autre part le *diverticule vésiculaire et cystique*. Il est de grand intérêt de différencier ces deux ordres de localisations calculeuses. Que vont nous apprendre, sur ce point, les divers symptômes que nous connaissons déjà ?

La colique hépatique est peut-être le symptôme le moins significatif en ce qui concerne la topographie des calculs ; autant sa valeur est grande pour le diagnostic de la *maladie*, autant ici elle reste douteuse. La vésicule entre toujours en jeu, elle est partie active au cours de toute crise doulou-

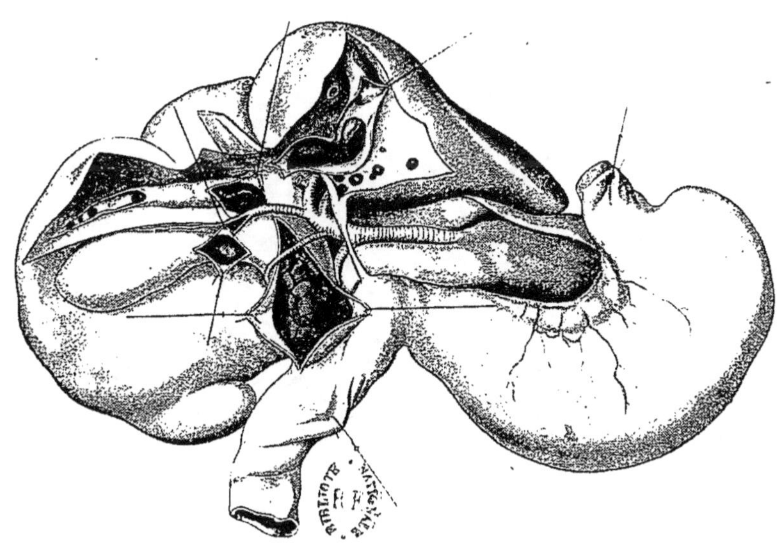

Cholélithiase à localisations multiples. Des calculs à facettes remplissent le cholédoque, la vésicule et le canal cystique, les canaux hépatiques.

D'après CRUVEILHIER (*Atlas d'Anatomie Pathologique*).

reuse, que le calcul siège dans sa cavité ou qu'il occupe le cholédoque.

Par contre la *palpation abdominale* nous apporte les renseignements les plus précieux, surtout pour la lithiase vésiculaire avec ses points douloureux si caractéristiques.

Pour les calculs du cholédoque, elle est de moindre valeur ; ceux-ci sont situés sur un plan profond, et nous avons vu que la souffrance provoquée par la pression du point pancréatico-cholédocien est due plutôt à une irradiation douloureuse qu'à une localisation sous-jacente de la lithiase. Elle ne prendrait une signification plus précise que par son état de *fixité* et de *permanence*, et encore faudrait-il tenir compte de la fréquence des pancréatites lithiasiques, cause possible de douleur pancréatico-cholédocienne.

Exceptionnellement, le calcul cholédocien peut, par son énorme volume, devenir possible à palper *à travers la paroi abdominale ;* tel était le cas de Bartlett où le calcul du cholédoque pesait 80 grammes et mesurait 10 centimètres de long sur 4 de large.

Dans la *lithiase vésiculaire*, nous avons vu comment il fallait explorer la vésicule et sa région ; une vésicule dilatée et douloureuse au cours de la colique hépatique ou d'une façon plus ou moins permanente, voilà un élément de localisation dont l'importance est évidente. Dans quelques cas très rares, quand la vésicule est dilatée et contient plusieurs calculs flottants, en pratiquant de petites percussions de la vésicule on peut percevoir la *collision calculeuse*, le choc léger des calculs amenés en contact entre eux et avec la paroi. Je ne l'ai perçue que dans un cas, chez un sujet examiné debout, et qui, lui-même, en avait une auto-perception assez nette. Je n'ai jamais nettement senti la *crépitation calculeuse.*

La vésicule doit donc toujours être pour nous un de nos principaux foyers d'exploration, un de nos centres d'information, et je ne reviens pas sur ces points que nous connaissons déjà. Qu'il me suffise d'ajouter que la pathologie expérimentale complète ici les résultats de la chirurgie opératoire. Dans ses expériences sur le lapin et sur le chien, Mocquot[1] a montré que l'état de la vésicule dépend en grande partie du siège de l'obstacle calculeux. L'occlusion brusque complète et permanente du cystique entraîne la distension muqueuse temporaire, puis la rétraction définitive de la vésicule biliaire ; celle-ci reste dilatée si l'occlusion brusque siège sur le cholédoque. Mais, en clinique, les réactions vésiculaires sont plus variables, et à côté de la notion capitale du siège de l'obstacle, il faut tenir compte de l'état préalable de la vésicule. Les conséquences d'une même occlusion seront toutes différentes suivant qu'elle agit sur une vésicule saine, légèrement irritée, fortement infectée, ou chroniquement enflammée.

La fréquence de la cholécystite chronique dans toutes les formes de la lithiase nous montre que sa constatation n'est pas une preuve directe de calculs vésiculaires ; la vésicule enflammée peut être *inhabitée* ou *déshabitée*, suivant que les calculs n'y ont jamais été présents ou ont émigré dans le cholédoque, et je citerai bientôt un cas de ce genre.

Nous connaissons déjà une des formes cliniques fréquentes des *calculs du cystique*, le cholécyste ou mucocèle

---

1. P. Mocquot. L'état de la vésicule dans les obstructions des voies biliaires. *Thèse de Paris*, 1909.

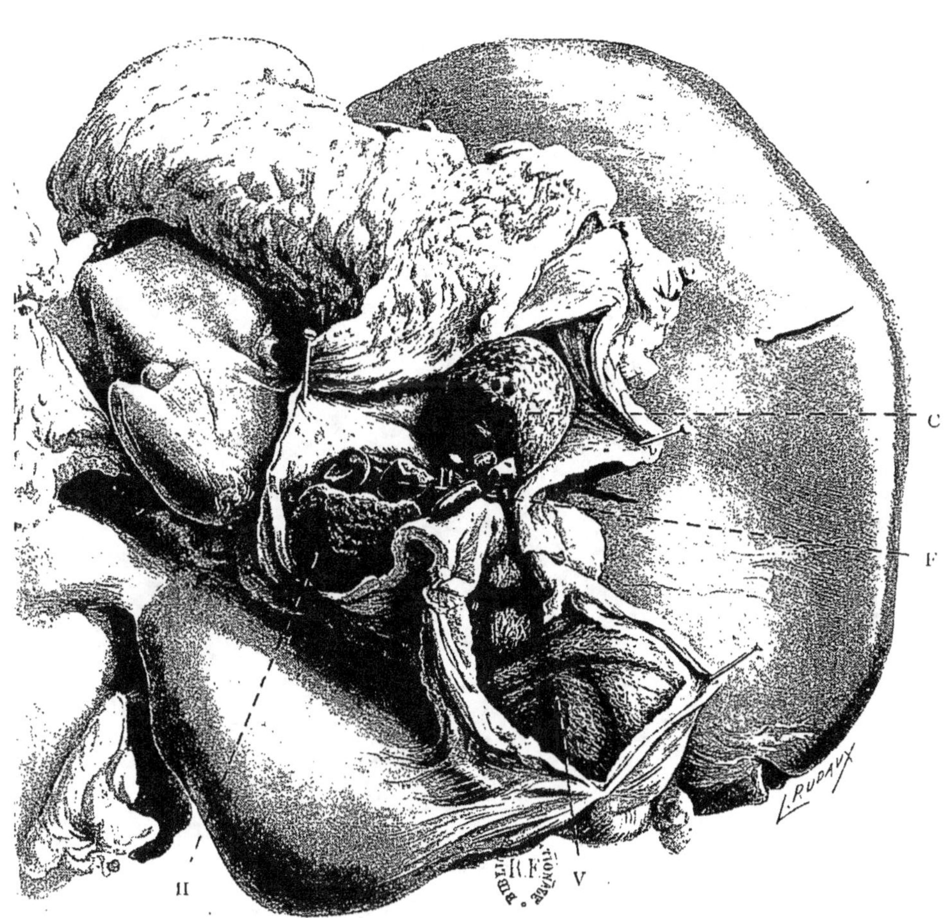

Calculs multiples des voies biliaires.

V. *Vésicule déshabitée.*
C. *Gros calcul cylindrique dans le cholédoque dilaté.*
F. *Calculs à facettes au carrefour hépato-cystique.*
H. *Calculs spongieux et friables dans les hépatiques.*

vésiculaire. Dans des cas plus rares, récemment étudiés par Villard et Cotte[1], le calcul n'oblitère que par moments le cystique, et il se produit ainsi une *hydropisie intermittente de la vésicule*, analogue aux hydronéphroses intermittentes par lithiase rénale ou par coudure de l'uretère.

Les calculs des *canaux hépatiques*, à l'état isolé, sont chose très rare, et on comprend que leur symptomatologie comporte un ictère chronique et une vésicule *vide*, atrophiée, inappréciable par la palpation.

D'après Quénu et Mathieu[2], les calculs des canaux hépatiques sont moins gros que ceux du cholédoque, rugueux, assez mous, d'un brun noirâtre, plus ou moins adhérents aux parois biliaires ; tantôt ils naissent sur place, et tantôt ils proviennent par migration de la vésicule ou du cholédoque. Cliniquement, ils n'ont pas de signes spéciaux, et surviennent chez de vieux lithiasiques, à crises douloureuses répétées, à ictère fugace, ou plus ou moins persistant.

Restent les calculs du cholédoque, et, pour la majorité des cas, la loi établie en 1890 par Courvoisier, en 1892 par Terrier reste vraie : *pas de grosse vésicule*, parce que la vésicule atteinte de cholécystite chronique antérieure ou concomitante est devenue scléreuse, atrophiée, non dilatable. Mais si le processus reste uniquement cholédocien, si une stase biliaire suffisante est réalisée, il n'y a aucune raison pour que la vésicule ne devienne pas turgescente et dilatée par la rétention biliaire ; et c'est ce que l'on

---

1. E. Villard et G. Cotte. De l'hydropisie intermittente de la vésicule par oblitération du canal cystique. *Revue de Chirurgie.* Janvier et février 1906.

2. Quénu et Mathieu. La lithiase des branches de bifurcation de l'hépatique. *Revue de Chirurgie,* 10 février 1914.

a observé dans un certain nombre de cas, où la vésicule contenait 150 grammes et même, dans un fait de Quénu, 250 grammes de bile. Et nous conclurons donc que la constatation d'une vésicule dilatée est chose rare dans la lithiase cholédocienne, mais n'est pas une raison suffisante pour en faire rejeter le diagnostic.

L'*ictère* est un des symptômes majeurs de la cholélithiase, mais il est loin d'avoir toujours la valeur qui lui est attribuée. Trop souvent, malades et médecins considèrent que l'ictère qui suit la colique hépatique implique la migration, puis, quand il disparaît, l'élimination intestinale d'un calcul, d'où la lithiase de la colique vésiculaire qui cesse d'être telle quand l'ictère intervient. C'est une illusion, et, quand nous étudierons les éliminations fécales des cholélithes, nous verrons qu'elles correspondent à des types spéciaux de calculs, et en particulier aux *calculs à facettes* et aux *calculs solitaires.*

En réalité, rien n'est plus commun que l'ictère léger qui dure de un à huit jours après la colique hépatique, et sans qu'aucun calcul puisse être trouvé dans les matières fécales tamisées. Il n'a rien à voir, le plus souvent, avec la migration calculeuse, et relève d'une poussée d'*angiocholédocite*, en faveur de laquelle témoignent également la leucocytose, la polynucléose, et souvent une élévation passagère de la température. C'est donc à l'*infection biliaire*, beaucoup plus qu'à la migration calculeuse, que j'attribue la plupart des ictères post-critiques de courte durée. Peut-être aussi faut-il, avec E. Dufourt[1], faire jouer un certain rôle au spasme biliaire et à la polycholie réflexe.

1. E. DUFOURT. De l'ictère dans la colique hépatique. *Lyon médical,* 1897, n°° 15 et 16.

Une statistique du même auteur, portant sur 456 cas de colique hépatique, va nous permettre de mieux apprécier la fréquence de l'ictère. Sur ces 456 cas, on comptait 238 fois de l'ictère, 21 fois du subictère conjonctival, 37 fois seulement de la cholurie ; et dans 160 cas les constatations restaient négatives ; soit ictère cutané ou urinaire dans 65 pour 100 des cas, et absence de tout ictère dans 35 pour 100.

Mais si nous envisageons le vrai ictère calculeux, l'*ictère chronique par calcul du cholédoque*, nous verrons que celui-ci a une physionomie clinique très spéciale et correspond vraiment à une oblitération canaliculaire plus ou moins complète, soit que le calcul vienne de la vésicule, soit qu'il se soit développé sur place.

L'ictère par calcul cholédocien est essentiellement *chronique*, et peut durer des mois ou même des années. Il n'est pas progressif comme l'ictère causé par le cancer de la tête du pancréas, mais très souvent, au contraire, il est *variable* passant par des alternatives d'atténuation ou de recrudescence, celles-ci succédant souvent à une reprise de douleur ou à un accès fébrile.

C'est un ictère *par rétention* typique, avec cholurie vraie, décoloration fécale, parfois ralentissement du pouls : très souvent il détermine un prurit cruel, qui tourmente les malades le jour et surtout la nuit, cause des lésions cutanées de grattage, et peut devenir presque intolérable. J'ai vu un vieillard de 71 ans, chez lequel en raison de son âge on avait hésité à conseiller une intervention ; c'est lui qui, après deux ans d'un prurit incessant, exigea une opération qui permit l'ablation d'un calcul cholédocien et fut suivie de guérison.

Malgré sa durée, l'ictère calculeux cholédocien reste dans les tons *jaunes*, et ne devient ni *verdâtre* ni *bronzé* comme les ictères néoplasiques par cancer des voies biliaires ou de la tête du pancréas.

Existe-t-il un rapport entre les allures ou le degré de l'ictère et les caractères de la lithiase cholédocienne? On est tenté de le croire et de distinguer deux ordres de faits : les calculs multiples, à facettes, qui remplissent plus ou moins complètement la vésicule et le cholédoque, tendent à s'emboîter par leurs surfaces, mais permettent cependant à la bile de filtrer entre eux, d'où le degré léger et variable de l'ictère; et, d'autre part, les gros calculs solitaires du cholédoque, allongés et cylindriques, que j'ai appelés *en bout de cigare,* et qui, eux, bloquent beaucoup plus à fond le cholédoque, d'où un ictère plus foncé et moins variable.

Mais il ne faudrait pas pousser trop loin cette schématisation, ni vouloir aboutir à des conclusions absolues, car rien n'est plus polymorphe que les réactions ictérigènes des calculs cholédociens. Deux de mes malades, dont j'ai publié l'histoire[1], n'avaient que du subictère, et deux autres cas très comparables que je résumerai bientôt avaient des ictères chroniques typiques. L'ictère peut même faire défaut, et c'est ce que Vauthrin a constaté 4 fois sur une statistique de 66 cas.

Quand il existe, n'oublions pas qu'il ne relève pas seulement de l'oblitération mécanique du cholédoque, mais qu'il faut également, dans sa pathogénie, compter avec le *spasme* pariétal et surtout avec la *cholédocite*. Corps étran-

---

1. A. CHAUFFARD. La lithiase du cholédoque. *Semaine médicale,* 10 janvier 1906.

ger oblitérant d'abord, le calcul, dans le cholédoque comme dans l'intestin, tend à se fixer par la contraction réflexe de la paroi, puis provoque plus ou moins rapidement des réactions inflammatoires subaiguës ou chroniques et sténosantes. C'est tout l'ensemble de ce processus qui donne à l'ictère par calcul du cholédoque ses caractères si spéciaux, dans lesquels, je le répète, une part considérable revient à la *cholédocite*, et c'est probablement l'absence de celle-ci qui explique les cas anictériques.

Il est une éventualité clinique qui reproduit tout le tableau des calculs cholédociens, c'est *l'obstruction hydatique chronique du cholédoque* bien étudiée par Dévé[1]. Sur 176 observations recueillies par Dévé de kystes hydatiques du foie évacués dans les voies biliaires, 54 ont comporté une obstruction prolongée du cholédoque. La durée de l'oblitération biliaire a été de trois semaines à un mois dans 22 cas, de un à deux mois dans 18 cas, de deux à six mois dans 9 cas, enfin de six mois à un an dans 5 cas.

L'évolution clinique des accidents est exactement celle des calculs cholédociens, à un degré encore plus grand de gravité au point des réactions d'infection biliaire. Seule la recherche des signes cliniques ou biologiques des kystes hydatiques, ou la constatation dans les selles de membranes hydatiques évacuées, permettront un diagnostic exact.

La fièvre, si grave au point de vue du pronostic de la lithiase, peut-elle nous donner des indications d'ordre

1. F. Dévé. L'obstruction hydatique chronique du cholédoque. *Bull. de l'Acad. dé Méd.*, 11 novembre 1919, p. 282.

topographique? Non, si l'on envisage ses caractères propres, — oui, si l'on tient compte de son époque d'apparition.

Depuis les simples accès fébriles éphémères de la colique hépatique, jusqu'aux grands accès fébriles irréguliers, et aux états fébriles tendant à la continuité, toutes les formes de la réaction thermique peuvent s'observer, et elles ne sont l'apanage exclusif d'aucun type spécial de cholélithiase. Qu'il s'agisse de calculs de la vésicule, du carrefour ou du cystique, des hépatiques, du cholédoque, la fièvre décèle l'*infection biliaire* et conserve l'ensemble des mêmes caractères. Elle procède par accès, débutant souvent par un grand frisson, simulant plus ou moins l'accès paludéen, se terminant par la sueur, mais irréguliers dans leurs échéances, souvent éloignés par des intervalles de 8 à 15 jours, et résistant à l'action préventive de la quinine. L'examen du sang, au moment des accès, montre une forte *leucocytose*, qui peut osciller entre 30 000 et 50 000, et une *polynucléose* d'environ 80 à 85 pour 100. L'hémoculture, pratiquée pendant le frisson ou l'accès fébrile, décèle assez souvent l'existence dans le sang du streptocoque, des staphylocoques, ou du colibacille.

C'est chose grave que l'apparition chez un lithiasique d'accès de ce genre, c'est le signe que *sa lithiase est infectée*, c'est l'avant-coureur possible de localisations infectieuses à distance. Nous examinerons donc avec plus de soin que jamais notre malade; articulations, urines, auscultation cardiaque, surveillance des poumons et surtout de la plèvre droite, nous ne négligerons rien pour saisir dès ses débuts, s'il y a lieu, une arthrite, une poussée de néphrite, une endocardite septique, une complication pleuro-pulmonaire.

Mais si cette fièvre par infection biliaire se présente dans tous les cas avec des caractères à peu près identiques, son *époque d'apparition* est jusqu'à un certain point subordonnée au *siège* même des calculs. On peut dire, avec Ehret, que les grands accès fébriles appartiennent surtout aux *lithiases bas situées* sur la voie principale, sur le *cholédoque*. Et cela se comprend, puisque nous savons que la partie terminale des voies biliaires est en état de microbisme normal, saprophytique, mais pouvant très aisément devenir pathogène. On a longtemps fait jouer un rôle prépondérant, dans ces infections à point de départ local, à la *rétention biliaire*, et on ne peut refuser à celle-ci toute importance ; mais son rôle n'est certainement pas exclusif, et je crois qu'il faut surtout incriminer la réaction pariétale septique qui se développe au contact du cholélithe, et d'autant plus facilement et plus vite que la région atteinte se trouve déjà normalement infectée.

L'origine cholédocienne et angiocholitique des accès fébriles sera d'autant plus probable que l'on ne trouvera *pas de signes directs de cholécystite.*

Ainsi, dans les cas purs, le diagnostic de calcul du cholédoque se basera moins sur tel ou tel symptôme direct, que sur des nuances cliniques : caractères et évolution de l'ictère ; époque d'apparition de la fièvre, absence de cholécystite constatable, absence de dilatation vésiculaire.

Mais ce sera toujours un diagnostic délicat à établir, d'autant plus douteux que le cas sera plus complexe et comportera également des signes de participation vésiculaire probable.

Dans le diagnostic différentiel de localisations calculeuses, faisons encore entrer en ligne de compte le *degré de l'amaigrissement*.

La *pesée régulière* des malades doit *toujours* être pratiquée, et elle nous montre que tout sujet atteint de crises lithiasiques à répétition *maigrit*, et souvent dans de très fortes proportions. Mais il semble que les lithiases du cholédoque conduisent d'une façon plus précoce et plus constante aux grandes émaciations. La perte de poids atteint fréquemment 12 à 15 kilogrammes; une de mes malades, âgée de 64 ans, avait perdu 36 kilogrammes en 10 mois; une autre de 60 ans, et de petite taille du reste, ne pesait plus que 37 kilogrammes quand elle fut opérée et guérie. Pour qui n'est pas prévenu, ces émaciations cachectisantes éveillent forcément la crainte d'un cancer; elles n'en sont heureusement pas une preuve suffisante et, si le sujet paraît en état de supporter une intervention, ne doivent pas faire déconseiller celle-ci, d'autant que, après la guérison opératoire, la reprise de poids est immédiate, considérable, et que l'on peut assister à de véritables résurrections.

Pour expliquer ces formidables amaigrissements, il faut ajouter à l'épuisement causé par la douleur, à la restriction voulue ou inévitable du régime alimentaire, les *troubles du chimisme intestinal*; ceux-ci portent surtout sur le coefficient d'utilisation des graisses, et relèvent d'une complication viscérale, la *pancréatite lithiasique* à tendances scléreuses, telle qu'elle a été étudiée en 1896 par Riedel, puis par Kehr, Mayo Robson, Quénu et Pierre Duval.

Au cours de l'opération, chez ces malades, le pancréas est trouvé ferme, scléreux, mais sans qu'il ait la dureté ligneuse et bosselée des néoplasmes; histologiquement, il est scléreux; fonctionnellement, il est *insuffisant*, et l'épreuve du chimisme fécal le démontre. Normalement le coefficient d'utilisation des graisses ingérées est environ de 95 pour 100; chez le lithiasique à pancréatite il s'abaisse notablement; dans un de mes cas il était tombé à 39 pour 100 pour remonter à 79 pour 100 un mois et demi après l'opération.

Sans doute, ces pancréatites secondaires à la lithiase biliaire peuvent se montrer dans toutes les formes topographiques de la maladie, mais cependant pas avec le même taux de fréquence. Dans la statistique de Quénu et de Pierre Duval, 46 cas de lithiase vésiculaire donnent 21 pancréatites chroniques et 48 calculs du cholédoque 39 pancréatites. Cette fréquence plus grande dans les lithiases cholédociennes trouve son explication dans les conditions anatomiques de la région, le calcul occupant surtout la région inférieure du cholédoque, au-dessus de la tête pancréatique ou dans son épaisseur même, se trouvant ainsi très proche du canal de Wirsung, et pouvant infecter le parenchyme pancréatique par voie canaliculaire, ou par voie lymphatique.

Ainsi une part notable revient au pancréas dans l'évolution de la cholélithiase, par une de ces associations organiques, de ces synergies morbides, dont nous ne devons jamais oublier la fréquence et l'importance clinique. Et encore faudrait-il ajouter aux pancréatites chroniques les formes aiguës et suppurées de pancréatite septique d'origine lithiasique, et accompagnées de nécrose péritonéale.

En particulier, la crise de colique hépatique réalise une des conditions pathogéniques fréquentes de la pancréatite hémorragique. Nous en avons déjà rappelé un cas.

Une autre de mes malades, au cours d'une crise lithiasique suraiguë, douloureuse et fébrile, fut atteinte, comme le montra l'opération, d'une pancréatite suppurée et nécrosante à laquelle elle succomba.

Tout ceci pourrait paraître un peu théorique, et cependant ce n'est, je crois, que la schématisation de la réalité. Pour nous retrouver plus près de la clinique, résumons l'histoire très typique d'une malade que j'ai eu l'honneur de soigner avec MM. Cazenave et Gosset.

Une femme de soixante ans, ayant eu quatre grossesses, a, le 12 juillet 1912, sa première crise de colique hépatique, suivie d'un ictère de quelques jours de durée. Le 1ᵉʳ août, seconde crise, suivie cette fois d'un ictère qui devient chronique, définitif, mais variable dans son intensité, avec cholurie, décoloration fécale, prurit, anorexie, restriction de plus en plus grande du régime. Pas de fièvre.

Le 12 octobre, la malade est amaigrie, toujours ictérique, sans point douloureux constatable, sans fièvre. On décide d'attendre encore un mois et de faire des pesées régulières.

Le 17 décembre, je revois la malade dans le même état, en plein ictère, sans grosse vésicule, sans fièvre; le poids est resté stationnaire, mais une troisième crise douloureuse vient d'avoir lieu.

Les jours suivants, les crises se répètent, jusqu'à 3 dans la même semaine, et s'accompagnent maintenant d'un état fébrile qui oscille entre 38°,5 et 38°,8. L'état général devient de plus en plus mauvais, la malade s'affaiblit, son ictère fonce, et elle se décide à une intervention qui a lieu le 12 janvier, six mois exactement après sa première colique hépatique. M. Gosset trouve une vésicule atrophiée, vide, qu'il n'enlève pas, et un cholédoque dilaté, gros comme le pouce, et contenant dans sa portion sus-duodénale un calcul volumineux du poids de 20 grammes.

Guérison sans incidents, et le 24 février, la malade, entièrement déjaunie, a regagné 4 kilogrammes de poids.

Voilà le cas classique, qui nous montre en 6 mois toute l'évolution d'un calcul cholédocien, et nous confirme les traits du tableau clinique que nous venons d'esquisser.

Le diagnostic *médical* de la topographie des calculs biliaires nous conduit ainsi souvent à l'acte opératoire. Quand celui-ci est décidé, c'est au chirurgien, au cours de son intervention, à contrôler et compléter la topographie des lésions, et il devra toujours faire un examen méthodique de tous les segments du tractus biliaire. Mais ceci n'est plus de la compétence médicale, et je ne puis que signaler la nécessité de cet inventaire opératoire.

Voilà donc notre malade examiné, son diagnostic clinique est établi, parfois contrôlé chirurgicalement, et cependant une dernière question reste à résoudre, celle de la *topographie pathogénique*. Ces calculs, dont nous constatons l'existence, sont-ils *nés sur place*, ou proviennent-ils, par migration descendante, d'un segment biliaire plus haut situé?

Pour la vésicule, pas de doute; les calculs qu'elle contient se sont certainement formés et accrus dans sa cavité.

Mais pour le cholédoque? Ici le problème devient beaucoup plus douteux, car les deux éventualités sont possibles, et si certains calculs cholédociens proviennent de la vésicule, il paraît très probable que d'autres se forment sur place.

Faisons une place à part, comme il faut le faire dans toute l'histoire de la cholélithiase, aux *calculs à facettes*, toujours multiples, qui eux sont d'origine vésiculaire, probablement par formation dans la partie sous-épithéliale de la muqueuse, comme dans le cas étudié par Gosset et Lœwy, puis envahissent et dilatent le cholédoque, et s'éliminent fréquemment, au moins en partie, par la voie intestinale.

Mais les *gros calculs solitaires* du cholédoque, les calculs allongés, cylindroïdes, en bout de cigare, semblent sinon nés sur place, au moins accrus et modelés dans le moule cholédocien. L'examen de leur coupe montre habituellement un noyau primitif, cholestérinique ou pigmentaire suivant les cas, situé ou au centre du cylindre, ou vers son pôle inférieur, et entouré d'une zone d'accroissement périphérique et surtout *bipolaire*. Le calcul augmente ainsi, en longueur par ses deux pôles et surtout par le *pôle centripète*, et en épaisseur dans les limites de la dilatabilité du cholédoque. Ce processus me paraît très comparable à l'évolution des thromboses veineuses, avec leur caillot primitif et leur caillot prolongé, d'où le nom de *thrombose biliaire cholédocienne* que j'ai proposé de lui donner. On comprend qu'avec le temps un pareil calcul puisse prendre des dimensions énormes, donner au cholédoque dilaté le volume du pouce et parfois même d'une anse grêle.

Ce qui contribue encore à la longueur possible de cette évolution, c'est que ces gros calculs cholédociens n'ont aucune chance d'être éliminés spontanément. La barrière pancréatique et vatérienne les arrête dans leur migration descendante, et ils n'ont même guère la ressource d'être expulsés par une fistulisation interne, telle que les fistules cystico-duodénales ou cystico-coliques pour les calculs vésiculaires. C'est donc la rétention chronique, avec toutes ses conséquences d'infection secondaire, d'amaigrissement, de cachexie, de mort terminale.

Voilà la raison qui fait que le diagnostic de calcul cholédocien implique une indication chirurgicale formelle. Et cependant, combien souvent de tels cas sont méconnus, traités par le régime, par le repos, par les cures thermales! Quand on se résigne à une opération tardive l'heure du succès est passée, et le malade amaigri et cachectique n'a plus la force de supporter l'anesthésie et l'acte chirurgical.

A titre d'exemple, et après avoir cité tout à l'heure l'histoire d'un calcul cholédocien opéré au sixième mois et guéri, voyons le cas beaucoup plus triste d'un autre malade pour lequel le diagnostic ne fut posé que tardivement et qui ne fut transmis au chirurgien que *deux ans et demi* après le début des accidents.

Un homme âgé de soixante-deux ans entre dans nos salles le 14 avril 1913, et voici ce que nous apprennent ses antécédents et son examen clinique.

Cet homme est un ancien syphilitique, et a commencé à présenter en décembre 1910 des douleurs abdominales assez vagues, à forme de coliques paroxystiques, commençant et se terminant progressivement, assez diffuses, mais surtout péri-ombilicales, sans localisation nette ni à droite ni à gauche, sans irradiations dorsales ou scapulaires. Ces crises douloureuses sont surtout nocturnes, débutent vers deux heures du matin, s'accompagnent souvent de nausées. Pas de fièvre.

Au bout de 2 à 3 mois, l'ictère apparaît, lentement progressif, avec décoloration fécale, cholurie et prurit.

En avril 1912, la situation restant la même, cet homme entre à Saint-Antoine dans le service d'un de mes collègues qui pense, étant donnés les antécédents, qu'il peut s'agir d'une syphilis hépatique, et prescrit un traitement mercuriel intensif, dont le résultat thérapeutique est nul.

Depuis lors, l'ictère est resté chronique, mais assez variable dans son intensité. Les crises douloureuses n'ont jamais cessé, et reviennent au moins tous les 3 à 4 jours, l'amaigrissement est considérable, et de 100 kilogrammes le poids est tombé à 63 kilogrammes, sans que du reste le malade soit très affaibli ou cachectique. Jamais il n'y a eu ni frissons ni fièvre.

Cet homme entre dans nos salles le 14 avril 1913 à la suite d'une crise particulièrement douloureuse.

Nous le trouvons en ictère foncé, avec cholurie, matières décolorées, prurit, bradycardie variable. Le sérum donne un Gmelin des plus nets, et contient 4 gr. 05 de cholestérine pour 1000. Le foie est gros, abaissé, et sa matité mesure 22 centimètres sur la ligne mamelonnaire. Pas de grosse vésicule, pas de grosse rate ni d'ascite.

Points douloureux à la pression de l'épigastre, de la région pancréatico-cholédocienne, de la région vésiculaire. Les autres points douloureux font défaut.

Le chimisme fécal montre que le coefficient d'utilisation des graisses n'est que de 40 pour 100, et que leur dédoublement est très défectueux, les graisses neutres étant à 60 pour 100 au lieu du taux moyen de 25 pour 100.

Chiffre normal de leucocytes 7800; mais polynucléose à 80 pour 100.

Temps de coagulation du sang normal, en trois minutes et demie.

Wassermann négatif.

Le diagnostic de *calcul du cholédoque* est porté, et le 5 mai le malade passe dans un des services de chirurgie de l'hôpital où il est opéré le 10.

On trouve une vésicule un peu grosse et tendue, saine du reste, et sans calculs. De la partie sus-duodénale du cholédoque on extrait sans peine un calcul olivaire, brun verdâtre, assez friable, mesurant 3 centimètres de long sur 8 à 10 millimètres d'épaisseur (Pl. VI, p. 84, fig. 2). Le pancréas paraît ferme et scléreux.

Deux jours après l'opération, le malade est pris de collapsus cardiaque, d'anurie, et meurt de syncope le quatrième jour. L'autopsie montre une vaste hémorragie abdominale, cause de la mort.

Voilà, certes, une triste histoire qui montre combien a été tardif dans ce cas le diagnostic, dont dépendait cependant la vie du malade. Il a été opéré trop tard, et il est mort.

Il semble bien, d'autre part, que le calcul ait été un *cholédocien primitif*, et l'intégrité de la vésicule plaide dans ce sens.

Enfin le degré de l'amaigrissement, la pancréatite décelée par le chimisme fécal et constatée opératoirement, la longue durée de l'ictère, l'absence de fièvre, le taux très élevé de la cholestérinémie, achèvent de rendre ce cas particulièrement instructif. Mieux que tout autre il nous montre la nécessité d'un examen complet pour les malades de ce genre, et l'intérêt capital qu'il y a à établir le *diagnostic topographique* de leurs lésions.

Nous devons pour nos cholélithiasiques nous efforcer de formuler un diagnostic aussi minutieux et aussi précoce que possible ; notre conseil thérapeutique en dépend, et ce n'est qu'à ce prix que les indications opératoires peuvent être précisées et exécutées dans des conditions probables de succès.

CHAPITRE X

L'ÉLIMINATION INTESTINALE
DES CALCULS BILIAIRES

L'élimination spontanée de calculs biliaires par les voies digestives peut s'effectuer dans deux directions différentes, par l'estomac ou par l'intestin.

Il est rare que le rejet des calculs se fasse par la voie gastrique, par vomissement, et je n'en ai observé qu'un cas. Chez une jeune fille atteinte à la fois d'appendicite chronique et de lithiase vésiculaire, la veille du jour où elle devait être opérée, se produit une crise typique de colique hépatique, sans fièvre, mais avec vomissements muqueux répétés pendant 12 heures. Dans un dernier vomissement, qui celui-ci est *bilieux*, sont rejetés deux calculs à facettes, l'un gros comme un grain de grenade, l'autre un peu plus petit.

Beaucoup plus commune est l'élimination intestinale des calculs biliaires, quoique moins fréquente qu'on ne le croit ; elle ne se produit guère que dans des conditions que nous aurons à déterminer, et sur laquelle malades et médecins se font souvent de grandes illusions. Sans doute, quand il se produit, ce symptôme est pathognomonique au point de vue du diagnostic, mais il peut prêter à de nombreuses erreurs, et il est bien loin, dans la majorité des cas, d'avoir la valeur libératrice que l'on est porté à lui attribuer. De plus, il expose aux plus graves accidents, et les quelques observations tirées de ma pratique que je citerai montreront les principaux aspects cliniques sous lesquels peut se présenter cet épisode, souvent dramatique, de la cholélithiase.

Disons tout d'abord que, quand on nous parle de calculs biliaires rendus dans les selles, il ne faut pas toujours croire les malades sur parole; demandons que l'on garde les calculs et qu'on nous les montre, et si, ceux-ci examinés, nous ne sommes pas *sûrs* de leur origine biliaire, faisons faire une analyse chimique.

Nombreux, en effet, sont dans la pratique les *faux calculs biliaires*, et tout peut être montré comme tel au médecin.

Comme *sable biliaire*, que de fois on m'a apporté des grains de fruits, figues ou fraises, et surtout du *sable intestinal*, celui qu'a si bien décrit Dieulafoy quand il a écrit l'histoire de l'entérite sableuse. On peut dire que, au moins trois fois sur quatre, le sable rendu par l'intestin chez les lithiasiques biliaires ou soi-disant tels est d'*origine entérique*. On le reconnaît assez facilement; alors que le sable biliaire est rendu à intervalles assez espacés, en quantités médiocres, qu'il est plus ou moins jaunâtre et en agglomérats amorphes, le sable intestinal peut être éliminé d'une façon presque continue ou prolongée, parfois en grandes quantités, une à deux cuillerées à café pouvant chaque jour être recueillies sur le tamis; il est de couleur grise ou foncée, d'aspect anguleux et presque cristallin ; à l'analyse chimique (et celle-ci, en cas de doute, doit toujours être pratiquée), on constate l'absence de cholestérine et de pigment biliaire, et l'on ne trouve que des phosphates et carbonates de chaux et de magnésie, teintés par la stercobiline. N'oublions jamais la coexistence fréquente des deux lithiases, biliaire et intestinale, demandons *à voir* le sable éliminé, précisons-en, par notre examen direct, les caractères et la composition chimique.

Pour les *calculs biliaires*, autres causes d'erreur. Il y a quelques années, florissait l'antisepsie intestinale par les cachets d'antiseptiques insolubles ou peu solubles, salol, salicylate de bismuth ou de magnésie, benzonaphtol ; chaque jour des cachets de 1 gramme de ces substances étaient prescrits, et souvent pendant un temps prolongé. Dans ces conditions, il pouvait arriver, et j'en ai vu plusieurs cas, que l'enveloppe azyme du cachet fût seule dissoute ; le contenu restait aggloméré, traversait tel quel les voies digestives, et était retrouvé dans les fèces sous forme de *concrétions discoïdes*, intactes ou fragmentées, d'aspect blanchâtre et crayeux, lourdes, non combustibles. La forme seule de ces soi-disant calculs doit mettre en garde, et l'analyse chimique en révèle la vraie nature.

A côté de ces pseudo-calculs d'origine médicamenteuse, il faut faire place aux *calculs intestinaux*, très rares assurément, mais dont un des plus beaux exemples a été publié en 1896 par Mongour. Dieulafoy[1], Loeper[2] en ont donné de bonnes descriptions, ont montré leurs caractères habituels de concrétions friables, irrégulières, et dont le volume

1. DIEULAFOY. Lithiase intestinale et entéro-colite sableuse. *Clinique Médicale de l'Hôtel-Dieu de Paris*, 1898, p. 273.

2. LOEPER. Leçons de pathologie digestive, 1912, p. 214.

peut atteindre celui d'un pois ou d'une noisette; leur coloration est d'un blanc jaunâtre plus ou moins teinté par la
matière colorante fécale; leurs angles sont arrondis ou
émoussés; l'analyse chimique les montre formés d'un
agglomérat complexe, dans lequel entrent des substances
d'origine cellulosique et végétale, des sels de chaux et de
magnésie, de la stercobiline. La présence de celle-ci, jointe
à l'absence de cholestérine, les caractérise chimiquement.

Des cas encore plus bizarres peuvent être constatés, et
en voici un qui me paraît vraiment curieux. Une jeune
femme de 28 ans m'est montrée il y a deux ans; elle habi-
tait près de Paris une fabrique de carbonate de chaux
dirigée par son mari, et souffrait presque chaque jour de
crises douloureuses très pénibles, occupant l'épigastre et
l'hypocondre droit. Elle était visiblement une grande
névropathe, recourait chaque jour aux piqûres de morphine, et de plus j'apprenais, en l'interrogeant, que parfois au cours de ses crises douloureuses elle *faisait l'arc
de cercle*! Ceci me parut décisif et je le dis à mon confrère.
Mais « elle a rendu des calculs », me fut-il répondu.
Voyons les calculs! et il me fut présenté 8 à 10 concrétions irrégulières, blanchâtres, rugueuses, et dont la plus
grosse avait le volume d'un petit haricot; elles avaient été
crues d'origine biliaire, et cependant le mari, ingénieur
très intelligent, avait constaté que, sous l'action de HCl,
elles se dissolvaient avec dégagement de gaz. C'était en
effet du carbonate de chaux pur comme le montra l'analyse
chimique; se trouvait-il introduit dans les matières fécales
par simulation, ou par absorption dans ce milieu chargé
de poussières de craie? C'est ce que je n'ai pu savoir;
mais, une fois le diagnostic rectifié, un traitement d'isole-

ment et de psychothérapie amena une guérison rapide.

Soyons donc très exigeants pour ce diagnostic des éliminations calculeuses biliaires, demandons à vérifier, n'oublions jamais de rechercher les caractères typiques des sables et concrétions biliaires, leur légèreté, leur aspect jaunâtre et souvent cristallin, leur combustibilité avec flamme, n'hésitons pas, en cas de doute, à faire pratiquer l'analyse chimique.

Ce triage sévère une fois fait, il ne nous restera plus que *les vrais calculs biliaires*, et ceux-ci peuvent, par leurs caractères objectifs aussi bien que par leur histoire clinique, être répartis en *trois groupes*.

1" Les calculs éliminés sont formés par de petites concrétions irrégulières, peu anguleuses et plutôt d'aspect globuleux ou ovoïde, isolées ou conglomérées, dont le volume et la forme rappellent plus ou moins le grain de blé, de chènevis, la lentille. Ces concrétions sont rendues après une crise douloureuse, elles sont senties au passage par le malade, ou recueillies au tamis, et l'analyse chimique ne permet pas de douter de leur origine biliaire. Voilà le cas le plus rare, et en même temps le plus heureux, car on peut espérer qu'il s'agit là de calculs uniques ou peu nombreux et que leur élimination sera vraiment libératrice. Mais c'est là, je le répète, l'éventualité la moins fréquente.

2° Dans la grande majorité des cas, et je dirais au moins 8 fois sur 10, les cholélithes trouvés dans les fèces sont de ce type spécial, *les calculs à facettes*, qui, par leur morphologie aussi bien que par leur évolution clinique, méritent une place à part dans l'histoire de la cholélithiase. Nous connaissons déjà leur forme pyramidale ou polyédrique, leurs angles émoussés, leurs faces planes ou à emboîtement réciproque, leur aspect de grains de maïs ou de grenade, leur nombre souvent énorme et qui peut se chiffrer par milliers. Cause fréquente d'infections biliaires, ils remplissent la vésicule, envahissent et dilatent le cholédoque, s'éliminent fréquemment par la voie intestinale, parfois d'une façon presque latente et en dehors de toute crise douloureuse. Le hasard ou la recherche voulue les font facilement reconnaître dans les matières fécales, et l'observation suivante nous en donne un très bel exemple.

Un homme de 43 ans, sans hérédité biliaire, sans antécédents de fièvre typhoïde, mais obèse, gros mangeur et grand buveur, est pris, le 23 février 1913, de sa première colique hépatique, sans ictère ni fièvre. Pendant cinq semaines les crises se répètent à des intervalles de 3 à 8 jours, soit une dizaine en tout jusqu'au 1er avril. En avril, accalmie, pas de crises. Au début de mai, nouvelle crise accompagnée d'ictère par rétention, et le 8 mai il entre à Cochin, dans le service de M. Œttinger. Il y reste 15 jours, pendant lesquels il a deux crises douloureuses et trois accès fébriles. Pendant son séjour à Cochin, on s'aperçoit qu'il élimine des calculs biliaires par l'intestin; il en rend 23 le premier jour, puis quelques-uns dans chaque garde-robe, soit 97 en tout, calculs polyédriques, à facettes, de 1 centimètre à 1 centimètre et demi de côté.

Le malade nous dit n'avoir constaté aucune corrélation entre le moment de ses crises et celui de ses éliminations calculeuses.

Quand il quitte Cochin, l'ictère a à peu près disparu, et il entre dans nos salles le 7 juin pour y rester 15 jours.

Pendant ce séjour, pas de crises douloureuses, pas d'ictère, pas de calculs rendus, mais sensibilité profonde de toute la région hépatique, diarrhée, et presque chaque soir réaction fébrile entre 39° et 40°. Taux de la cholestérinémie variant entre 2,25 et 2,55.

Quand cet homme a quitté l'hôpital, il allait mieux, son foie n'était plus douloureux, ses accès fébriles étaient en voie de disparition. Mais était-il guéri, et cette élimination rapide de 97 calculs, produits d'une cholélithiase déjà ancienne et restée latente, devait-elle prévenir toute rechute? Je n'en crois rien et je sais par expérience combien il est trompeur de considérer comme guéris ces malades éliminateurs de nombreux calculs à facettes. Pour abondante que soit l'élimination, elle reste *incomplète*; ces lithiasiques n'expulsent jamais le dernier de leurs calculs, il en reste ou il s'en reforme rapidement, et trop souvent l'on voit reparaître ou les crises douloureuses ou les accidents infectieux. J'en suis arrivé à considérer comme d'un pronostic particulièrement sérieux cette forme spéciale de cholélithiase, à cause de la fréquence des rechutes, et aussi en raison des difficultés opératoires que présente l'évacuation complète des voies biliaires. Si nombreux que soient les calculs rendus ou enlevés, il est toujours à craindre qu'il en reste. Ne partageons donc qu'avec réserve la joie et la confiance que témoignent nos malades éliminateurs de calculs à facettes.

3° Le dernier groupe de faits cliniques, de beaucoup le plus important et le plus gros de conséquences, correspond aux éliminations de *calculs volumineux* et le plus souvent *solitaires*, ou parfois fragmentés et articulés en 2 à 3 morceaux. Toujours très anciens, ces calculs uniques

sont fréquemment formés de plusieurs calculs indépendants au début, soudés plus tard entre eux, comme on le
voit sur leur coupe ou par les images radiographiques. Ils
sont du type aseptique et cholestérinique radiaire. Ici,
la migration intestinale se fait par des procédés différents
et s'accompagne d'accidents qui peuvent être très graves
et même mortels. C'est la chirurgie contemporaine qui
nous a appris à connaître ces cas, à diagnostiquer l'*iléus
biliaire*, et les travaux de Naunyn, de Courvoisier, de
Quénu, de Körte, de Kehr, sont riches de documents sur
cette question de pratique médico-chirurgicale.

Notons qu'il ne s'agit pas là de faits rares. Quénu, en
1909, relevait près de 300 cas publiés, et si on y ajoute
les faits observés depuis, et tous ceux très nombreux certainement qui sont restés inédits, on voit qu'il s'agit
là d'une éventualité relativement fréquente et qu'il faut
absolument connaître pour pouvoir apporter à ces malades
le secours chirurgical qui est souvent leur seule chance de
guérison.

Avant de citer plusieurs faits typiques et capables de
donner une idée des allures cliniques très variées que peut
prendre cette redoutable complication, établissons quelques règles générales préalables.

Les calculs volumineux éliminés par l'intestin sont de
dimensions telles qu'ils ne peuvent passer par les voies
naturelles. Leur poids est au moins de 7 à 8 grammes, et,
dans un cas de Quénu et Duval, il atteignait 55 grammes.
Par leur forme ovoïde ou globuleuse, ils reproduisent
souvent le *moule interne de la vésicule*, et attestent par là
leur provenance. Ce n'est qu'à titre très exceptionnel qu'ils
paraissent d'origine cholédocienne, et Courvoisier cite

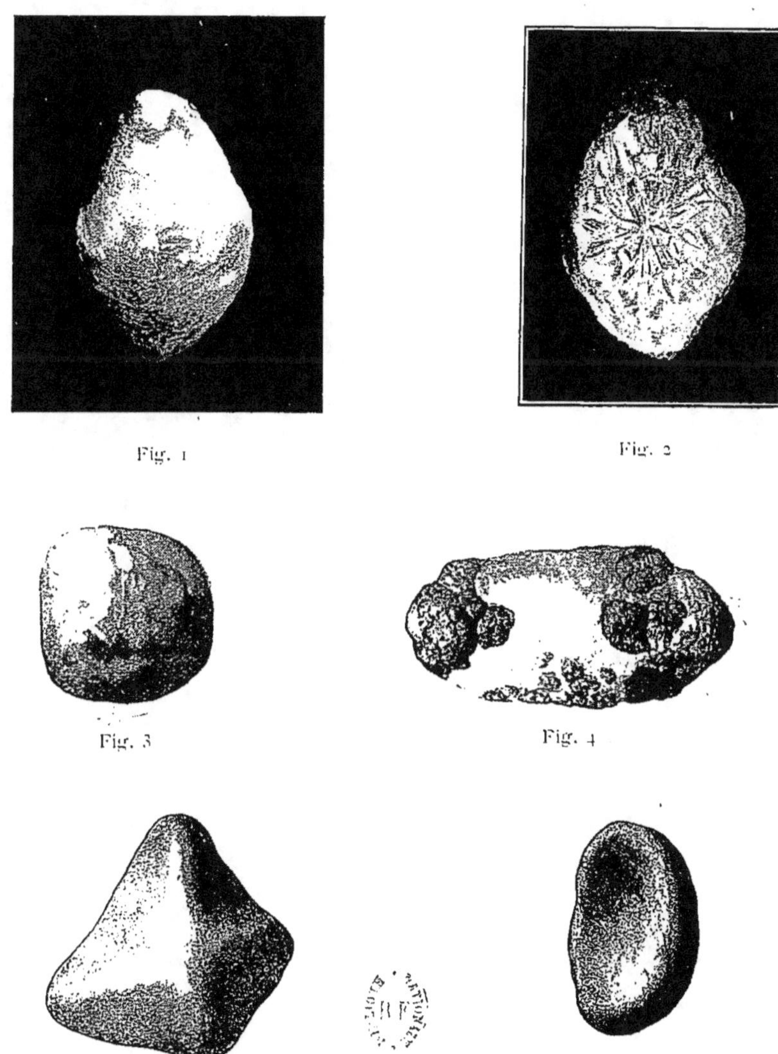

Calculs éliminés par voie intestinale
représentés de grandeur naturelle.

trois cas de ce genre. Mais, dans la règle, il s'agit de calculs vésiculaires, souvent à type cholestérinique radiaire, provenant de lithiases très anciennes, aseptiques ou infectées tardivement, et ayant pu rester *latentes* jusqu'au moment de l'élimination.

Celle-ci peut être à tous égards une surprise, par l'absence d'antécédents lithiasiques aussi bien que d'accidents de migration. Ainsi une malade dont mon collègue et ami M. Troisier[1] a raconté l'histoire, rend sans incident un calcul de 8 grammes représentant le moule d'une vésicule un peu rétractée. (Pl. XXIII, fig. 1 et 2.)

C'est d'après des faits de ce genre que Fiedler avait pu dire autrefois que « l'expulsion des gros calculs est moins douloureuse que celle des petits ». C'est que les uns et les autres ne prennent pas le même chemin.

C'est, en effet, par *fistule vésiculo-intestinale* que passent dans le tube digestif ces calculs de gros calibre. La vésicule, habitée depuis longtemps, se soude étroitement à la première portion du duodénum, plus rarement à l'angle colique droit, et elle arrive un jour à communiquer directement avec le tractus intestinal par trois procédés possibles :

Par *usure lente des tissus* et déhiscence latente, tel le cas de Troisier que nous venons de rappeler ;

Par *déchirure brusque*, au cours d'une crise douloureuse survenue après fatigues, efforts violents ou secousses ; la douleur est subite, atroce, en coup de poignard, parfois syncopale et accompagnée d'entérorragie. Ce sont les cas les plus fréquents et j'en citerai plusieurs ;

Par *cholécystite purulente* et *phlegmon sous-hépatique*,

1. Troisier. *Bull. et Mém. de la Soc. méd. des Hôp. de Paris,* 1901, p. 527.

comme dans un fait dont je résumerai l'histoire.

Nous verrons également quelle est la valeur clinique, que je crois très différente, des fistules *vésiculo-duodénales* et *vésiculo-coliques*.

On croirait volontiers qu'il y a un rapport direct entre le *volume* du calcul expulsé et la gravité des accidents, et jusqu'à un certain point la chose peut être admise comme vraie. Cependant cela n'a rien d'absolu, et en même temps que Troisier montrait le calcul de 8 grammes expulsé sans accidents, il relatait l'histoire très différente dont voici le résumé :

Une femme de 60 ans, obèse, sans antécédents de colique hépatique ni d'ictère, est prise à 11 heures du soir de symptômes graves d'obstruction intestinale avec coliques douloureuses, vomissements bilieux puis fécaloïdes, sueurs froides ; le tout dure 12 heures, et 8 heures après le dernier vomissement est éliminé avec une garde-robe naturelle un gros calcul globuleux du poids de 7 grammes. (Pl. XXIII, fig. 3, p. 174.) Tout s'était donc passé en moins de 24 heures, cas exceptionnellement rapide malgré la gravité des accidents. Mais quel contraste entre le mode de migration clinique de ces deux calculs, l'un de 7 grammes, l'autre de 8 grammes ! Nous aurons à rechercher la cause de cette dissemblance si frappante.

Si dans le cas précédent la traversée intestinale a été rapide, en voici d'autres où la durée et la gravité des accidents ont été de nature à inspirer les plus sérieuses craintes.

Le 27 juillet 1907 j'étais appelé par mon collègue et ami. M. de Massary auprès d'une malade dont l'histoire était la suivante. Femme de 64 ans, à crises hépatiques frustes depuis quelques années. Premier grand incident le 26 août 1906; crise de douleurs abdominales, basses plutôt que hautes, avec vomissements, subictère passager, convalescence assez lente.

Le 22 juillet 1907, douleurs abdominales vers 7 heures du soir, avec vomissements alimentaires puis bilieux se répétant plus de 30 fois dans la nuit. Le lendemain matin, traits tirés, hoquet, coliques abdominales très pénibles, vomissements continuels et verdâtres, constipation absolue mais avec émission de gaz, pouls petit, régulier à 125; température 37°,7. Le ventre est ballonné, tympanique, avec une douleur profonde spontanée et provoquée, dont le maximum est dans la *fosse iliaque gauche*; mais aucun point douloureux dans les régions hépatique, vésiculaire, pancréatico-cholédocienne, appendiculaire.

Pendant la journée et le lendemain, persistance de la constipation, des vomissements verdâtres, du hoquet, légère atténuation des crises douloureuses.

Le 25, troisième jour des accidents, subictère et urines légèrement biliphéiques, moins de vomissements et de hoquet. A la suite d'un lavement froid, première selle liquide, fétide, très bilieuse. Dans la nuit, nouvelle selle bilieuse, avec sensation douloureuse à la traversée anale; on trouve dans la garde-robe le calcul représenté ci-contre en grandeur exacte, calcul certainement très ancien, radié, et presque exclusivement cholestérinique, du poids de 14 grammes. (Pl. XXIII, fig. 4, p. 174.)

Les jours suivants, le ventre se déballonne, la douleur iliaque gauche disparaît, la convalescence se fait sans autres incidents qu'une scapulalgie droite pénible pendant trois jours, et état congestif de deux bases pulmonaires surtout à droite. Ici la durée de migration du calcul avait été de *trois jours et demi*, et l'élimination naturelle s'était produite au moment où se prévoyait la nécessité d'une intervention chirurgicale.

Encore plus longue dans le cas suivant, qu'a bien voulu me communiquer le Dr Heulz, la période de migration a duré *neuf jours*. Une femme de 70 ans, atteinte de diabète léger mais sans antécédents hépatiques, est prise le 17 mai 1911 d'une boulimie extraordinaire dans l'après-midi, puis de vomissements alimentaires, et, vers 11 heures du soir, d'une douleur assez vive dans la fosse iliaque droite. Le lendemain, la malade vomit encore, mais a une garde-robe normale. Puis, *pendant cinq jours*, vomissements et suppression complète des fèces et des gaz, ventre ballonné, très douloureux dans la *fosse iliaque droite*. Pas de fièvre, pouls de 95 à 100. Plusieurs injections de morphine sont rendues nécessaires par l'intensité de la douleur.

Le 22 mai, neuf selles très liquides et fétides dans la journée, continuation des vomissements et *déplacement de la douleur* qui, de la fosse iliaque droite, passe dans la région sus-ombilicale.

Le 25 mai, la malade éprouve une sensation bizarre dans le rectum, et le toucher rectal permet de sentir un calcul volumineux que l'on extrait avec peine ; le lendemain extraction d'un second calcul, et quelques jours après d'un troisième. Ces calculs sont sphériques, les deux premiers ayant un diamètre d'environ 3 centimètres et demi, et le dernier 2 centimètres et demi. L'analyse chimique les montre formés de cholestérine pure.

Dans ce cas, cholélithiase latente, aseptique et purement cholestérinique ; deux périodes dans les accidents, arrêt du calcul à la valvule de Bauhin et occlusion *pendant cinq jours*, puis cheminement des calculs vers le côlon transverse, et extraction anale au *neuvième jour* seulement.

Dans le cas suivant, la période d'occlusion a duré *six jours*. Femme de 56 ans, obèse, ayant eu onze grossesses et les premières manifestations de sa cholélithiase au cours de la dixième. Sa dernière colique hépatique remontait à 18 mois avant le début des accidents d'élimination.

Le 31 décembre 1918, grande crise douloureuse avec subictère, hoquet, vomissements bilieux, ventre partout douloureux, mais surtout dans la *fosse iliaque droite.* Pas de selles ni de gaz rendus *pendant six jours.* Le sixième jour au soir, le médecin, guidé par une sensation de la malade, pratique le toucher rectal, extrait un gros calcul et deux le lendemain. Sur ces trois calculs, deux me sont montrés; l'un d'eux aplati, pèse 5 grammes, et se termine par une face arrondie qui paraît représenter le moule du fond de la vésicule. (Pl. XXIII, fig. 5 et 6, p. 174.) L'autre, du poids de 10 grammes, est gros comme une noix, cubique, à larges facettes planes ou concaves. Tous deux sont noirâtres, incrustés de sels de chaux, de date certainement ancienne et ayant passé par des périodes d'infection biliaire. Convalescence normale.

Dans cette série de cas, si inquiétants par leur évolution clinique, nous trouvons relatés les traits principaux qui caractérisent *l'iléus biliaire* : vomissements, hoquet, période plus ou moins prolongée d'occlusion intestinale avec suppression des matières et des gaz, douleur abdominale diffuse puis tendant à se localiser. Très souvent cette fixation de la douleur se fait *en plein flanc droit*, dans la région de l'appendice, et l'on comprend combien alors peut devenir délicat le diagnostic différentiel avec une crise d'*appendicite*, combien une analyse minutieuse de l'évolution des accidents est nécessaire pour éviter l'erreur. C'est probablement la difficulté de passage à travers la valvule de Bauhin qui explique cette localisation de la douleur sur laquelle tous les observateurs ont insisté.

Très caractéristique, d'autre part, est le *déplacement de la douleur*, qui chemine avec le calcul, se transfère vers le côlon transverse ou vers l'S iliaque, et aboutit enfin à la sensation intra-rectale d'un corps étranger, ou à l'expulsion avec douleur anale.

Sous le nom d' « *hémorragie prémonitoire* » Körte a signalé de petites hémorragies à type duodénal, et qui peuvent précéder d'un temps plus ou moins long la crise d'obstruction intestinale. Je crois ce symptôme peu commun et ne l'ai jamais observé. Dans d'autres cas, non moins exceptionnels, l'élimination du calcul peut être accompagnée d'un melæna peu abondant, comme dans une observation récente de Mouisset[1].

Non moins rare est la constatation, par la palpation abdominale, de la tumeur formée par le calcul biliaire immobilisé. Celle-ci a cependant été sentie dans un cas, par Quénu, sous forme d'une tumeur « extrêmement dure, plus dure que toute autre espèce de tumeur[2] ».

Chez une malade dont je résumerai tout à l'heure l'histoire, le début des accidents a été marqué par un symptôme très curieux et qui, je crois, n'a guère été signalé jus-

---

1. Mouisset. Deux volumineux calculs biliaires expulsés à 5 mois de distance par une fistule vésiculo-colique. *Lyon médical*, 7 septembre 1913, p. 381.

2. Quénu. De l'iléus biliaire. *Bulletin médical*, 1909, p. 843.

qu'à présent, le « *vidage brusque et massif de l'intestin* » : dans la nuit, au moment où se produisit la douleur abdominale déchirante de perforation, survint un besoin impérieux de défécation, la malade eut une selle, selon son expression, « formidable », rendit un plein vase de matières, les unes dures, les autres plus molles. Il semble que l'arrivée brusque du calcul dans l'intestin, avant de provoquer la fixation par spasme, ait donné lieu à un *péristaltisme aigu* de tout l'intestin, avec évacuation immédiate et massive de son contenu. C'est là un signe intéressant par sa physiologie pathologique, et qui mérite à l'avenir d'être recherché et noté.

Dans les observations que je viens de citer, nous avons vu la traversée digestive du calcul être tantôt de durée normale 24 heures, tantôt prolongée pendant quatre ou six ou même neuf jours. Mais n'oublions pas qu'à côté de ces formes *aiguës* ou *subaiguës* d'iléus biliaire, il en est de plus lentes, où les crises d'occlusion sont répétées, traînantes, presque chroniques. Karewski a spécialement insisté sur ces formes alternantes d'occlusion et de désobstruction partielle, où les accidents se répètent parfois pendant des semaines, peut-être par le fait de déplacements successifs, d'étapes de cheminement du calcul oblitérant.

Le calcul peut même rester *bloqué*, agir comme irritant local, et devenir ainsi le point de départ d'un cancer secondaire de l'intestin. C'est ainsi que, dans un cas de Moynihan, un gros calcul biliaire fut trouvé étroitement enchâssé dans une tumeur cancéreuse de la valvule iléocæcale.

Une autre cause de réitération des accidents peut provenir du fait que la vésicule contient non pas *un*, mais *plu-*

sieurs gros calculs, et que ceux-ci s'éliminent en plusieurs temps, par des déhiscences successives de la vésicule. C'est ainsi, je crois, qu'il faut interpréter l'observation de Mouisset, où le premier calcul ayant été éliminé le 11 octobre 1912, un second fut expulsé, avec réitération d'accidents aigus, en mars 1913.

Si les accidents de migration intestinale sont sur le moment même de la plus extrême gravité, il n'en est que plus curieux de voir combien, une fois le drame terminé, tout rentre promptement dans l'ordre. Pas d'accidents d'infection biliaire secondaire, et guérison rapide le plus souvent, sans incidents, et avec une bénignité du pronostic ultérieur que l'on n'oserait vraiment pas espérer si l'on n'en était averti. L'histoire d'un malade que j'ai eu l'honneur de voir avec le Dr Fissiaux, nous en donnera une preuve de plus, en même temps qu'elle nous montrera une autre forme d'élimination, avec *péritonite sous-hépatique.*

Un homme de 62 ans, sédentaire, gros mangeur, constipé habituel, présente en janvier 1909 sa première crise de colique hépatique, avec subictère, cholurie, décoloration fécale, vésicule tendue et douloureuse.

Le 16 avril de la même année, au lendemain de son arrivée à la campagne, ce malade est pris de nausées, vomit son déjeuner, souffre brusquement à l'épigastre et dans le ventre, n'a pas de selle.

Le lendemain, deuxième jour, douleurs abdominales modérées, pas de selle, début de météorisme. Le troisième jour, purgatif dont l'effet est nul ; ni selle, ni gaz, sensation de « ventre bouché », anurie, douleurs abdominales très vives, reprise de vomissements abondants, qui deviennent fécaloïdes dans la nuit du troisième au quatrième jour.

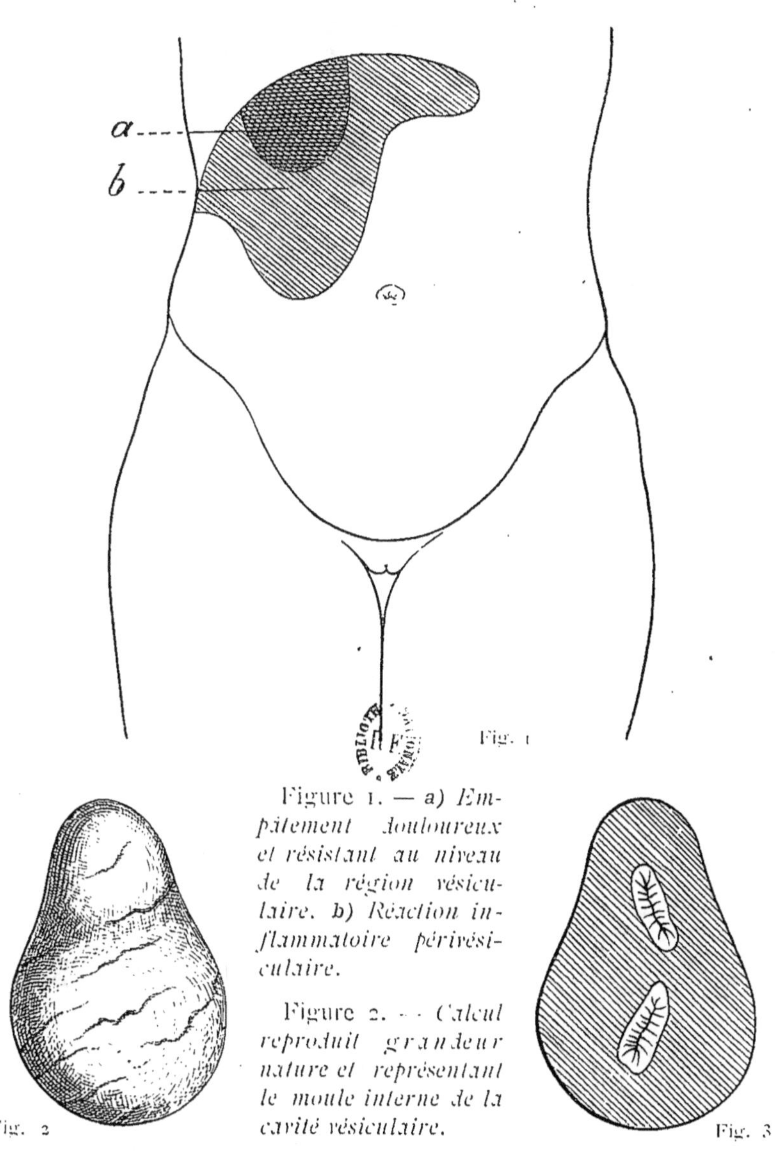

Figure 1. — a) Empâtement douloureux et résistant au niveau de la région vésiculaire. b) Réaction inflammatoire périvésiculaire.

Figure 2. — Calcul reproduit grandeur nature et représentant le moule interne de la cavité vésiculaire.

Figure 3. — Coupe du même calcul, montrant qu'il est formé par la coalescence et la soudure de deux calculs primitifs du type cholestérinique radiaire (D'après des croquis du D' Fissiaux).

Quelques gaz sont rendus dans la matinée du quatrième jour, et le Dr Fissiaux, appelé, constate l'existence d'une grosse tuméfaction empâtée et douloureuse dans la région sous-hépatique, avec défense musculaire et hoquet.

Un lavement électrique est administré, il est très douloureux et fait rendre quelques gaz et les matières contenues dans le bout inférieur de l'intestin.

Le 5ᵉ jour, un nouveau lavement électrique est donné, et l'état restant aussi grave, avec occlusion, vomissements fécaloïdes, météorisme, hoquet, empâtement sous-hépatique, le malade est ramené à Paris pour être opéré.

Dans la nuit du 5ᵉ au 6ᵉ jour, vers 6 heures du matin, besoin brusque de défécation, et débâcle d'une grande quantité de matières fécales, avec expulsion d'un calcul dont voici le dessin en grandeur exacte, et sur lequel on reconnaît un *moule de la vésicule*, en même temps que la formation de ce gros calcul solitaire par *la coalescence de deux calculs primitifs* cholestériniques radiaires au début, puis soudés par un dépôt secondaire de pigment, de cholestérine amorphe, de sels de chaux (Pl. XXIV, fig. 1, 2 et 3, p. 182.)

Soulagement immédiat, le ventre se détend, se laisse mieux palper, et on constate nettement au-dessous du foie la présence d'une masse profonde empâtée, ayant son maximum de douleur à la pression dans la région de la vésicule (partie plus teintée de la figure).

C'est après la série de ces accidents que le malade fut montré à mon collègue M. Ricard et à moi, très amélioré ; la masse sous-hépatique était à peu près résorbée, et il ne restait plus qu'une certaine rénitence profonde et un peu douloureuse au niveau de la vésicule. Nous eûmes beaucoup de peine à convaincre notre malade qu'il était guéri et qu'il n'y avait pas lieu de l'opérer. Et en effet, depuis lors la santé est restée très satisfaisante, sauf quelques rares sensations douloureuses de courte durée et qui tendent de plus en plus à disparaître.

Chez tous les malades dont je viens de parler, la guérison spontanée a été obtenue sans intervention opératoire. Mais il ne faudrait pas croire ni espérer qu'il en puisse toujours être ainsi, et trop souvent l'acte chirurgical est la dernière chance de salut. L'observation suivante nous montrera toute la gravité des lésions secondaires que peut entraîner la migration intestinale d'un cholélithe, en même temps que les beaux résultats d'une intervention pratiquée d'urgence, et cependant dans les plus défavorables conditions.

Une dame de 54 ans avait déjà un long passé biliaire et avait subi de nombreuses crises de colique hépatique, quand, vers la fin de juin 1908, elle est prise d'une crise de congestion hépatique avec foie gros et douloureux. Les accidents rétrocèdent en partie, mais elle n'était cependant pas tout à fait remise quand, le 10 juillet 1908, elle se rend à Trouville chez une amie. Elle avait la figure fatiguée, peu d'appétit et peu de forces. Le 14 juillet, vers la fin de l'après-midi, sur la plage, elle ressent un frisson et une douleur très vive dans la région vésiculaire. Elle va, dit-elle, « avoir sa crise ».

Dans la nuit, douleur abdominale déchirante, suraiguë, rapidement diffusée dans tout le ventre et accompagnée d'un besoin immédiat de défécation; une selle « formidable » est évacuée, formée d'un mélange de matières dures et demi-molles; vomissements alimentaires qui, dès le lendemain, deviennent verts et porracés, et se répètent très abondants.

Le 15 et le 16, douleur abdominale diffuse, sans localisation vésiculaire, avec maximum en arrière dans le flanc gauche ; coliques très pénibles, suivies de plusieurs garde-robes dont une contient un gros paquet glaireux ; vomissements porracés.

Le 17 et le 18, ballonnement du ventre, arrêt des matières et des gaz, facies grippé, soif et intolérance pour les boissons, voix cassée, syndrome de déshydratation. Pas de fièvre.

Le 19, 5 jours juste après le début des accidents, je suis appelé par le Dr Couturier et trouve la malade dans l'état le plus grave : facies subictérique et grippé, vomissements verts abondants, ventre tympanique, submat dans les flancs, partout douloureux, avec un maximum sur la ligne bi-iliaque un peu à droite de la ligne médiane ; douleur à la *décompression* plutôt qu'à la pression abdominale ; pouls à 104 assez bien frappé, hypothermie à 35°,9. Les crises de colique sèche, cruelles, déchirantes, se répètent à intervalles rapprochés, la suppression des urines est presque absolue.

Je diagnostique une *perforation biliaire*, avec péritonite diffuse et occlusion intestinale, et conseille, comme dernière chance de salut, une laparotomie qui est pratiquée le lendemain matin, 6e jour des accidents, à l'hôpital de Trouville, par le Dr Léo, aidé du Dr Mercadé.

Le Dr Léo trouve une rougeur générale des anses grêles, et sent immédiatement, peu avant le cæcum, un *corps dur* qu'il extrait, et qui est constitué par un gros calcul biliaire formant un polyèdre à 6 faces égales, dont 4 planes et 2 excavées légèrement, et du poids de 10 grammes.

En pratiquant ensuite l'examen méthodique de tout le grêle, il trouve à un mètre environ au-dessous du duodénum une *perforation intestinale*, lenticulaire, recouverte d'une fausse membrane jaunâtre, à bords taillés à l'emporte-pièce, et laissant passer des gaz intestinaux et des matières teintées par la bile. Cette perforation siège près du bord mésentérique de l'intestin, et des ecchymoses muqueuses se voient à travers la séreuse au niveau du bord libre. On suture et ferme la perforation.

A 20 centimètres plus bas, un petit point intestinal était *sphacélé*, prêt à se rompre mais non encore perforé, et paraissant dû au contact septique de la perforation précédente. Enfouissement de ce point. Drainage abdominal, sutures de la paroi, et, avant le réveil, lavage de l'estomac ramenant de grandes quantités de liquide porracé; 6 litres d'eau de Vichy sont ainsi employés avant de voir le liquide s'éclaircir.

Six heures après l'opération, émission de 250 grammes d'une urine bilieuse mais non albumineuse. Amélioration rapide de l'état général et guérison sans incidents.

Quel drame que cette opération pratiquée presque *in extremis*, dans les conditions les plus primitives, et certainement beaucoup trop tard! Mais quel enseignement aussi, et combien un fait de ce genre nous montre qu'il ne faut jamais croire la partie tout à fait perdue et renoncer à la ressource chirurgicale!

Nous voyons aussi, dans cette observation, les effets des fixations successives du calcul. Pas de doute que la perforation ne fût le reliquat d'une action locale de *nécrose intestinale perforante*, au contact du calcul fixé d'abord en ce point par la réaction spasmodique de l'intestin, puis cheminant sans arrêt jusqu'au voisinage du cæcum pour s'y trouver bloqué de nouveau.

Ainsi, à la réaction fonctionnelle du spasme intestinal succèdent plus ou moins vite les réactions inflammatoires ou même nécrosantes, à l'occlusion mécanique peut s'ajouter une péritonite diffuse par perforation.

Quand on est témoin de faits de ce genre, quand on voit la gravité formidable de certaines migrations calculeuses, on s'étonne du contraste saisissant qu'apportent ces éliminations presque latentes, sans accident, de calculs à peu près aussi volumineux, comme chez la malade de Troisier que j'ai déjà citée.

Pourquoi ces dissemblances totales d'évolution et de pronostic?

Je pense qu'il faut en chercher l'explication dans *le siège différent de la fistule vésiculo-intestinale.*

Le plus souvent, la perforation bimuqueuse se produit au niveau du duodénum, et le calcul doit *parcourir la totalité de la traversée digestive,* cheminer à travers toutes les anses grêles, si promptes à la défense et à la réaction spasmodique, en même temps que de calibre relativement étroit.

Quand, au contraire, la vésicule se soude au côlon et s'ouvre dans sa cavité, les conditions d'élimination sont tout autres et bien plus favorables : canal large, se contractant moins par spasme local, et permettant facilement au calcul de progresser jusqu'à l'ampoule rectale. Et, de fait, c'est toujours *dans l'intestin grêle* que, en cas d'opération ou d'autopsie, est trouvé le calcul migrateur.

Cette interprétation me semble très plausible, bien que la preuve n'en puisse être donnée, puisque dans ces cas d'élimination latente aucune constatation anatomique n'est possible.

Malheureusement, les cas où le calcul progresse sans accident sont de beaucoup les moins fréquents, et il faut, dans la règle, considérer comme très périlleuse l'élimination des gros calculs solitaires.

Dès lors, quelle conduite devons-nous tenir en présence de ces accidents redoutables dont nous venons de passer en revue quelques exemples ? Bien que ce soit là avant tout une question d'espèces, où l'on doit se guider d'après l'examen et la discussion de chaque cas en particulier, je crois que quelques indications générales peuvent être posées.

Disons, tout d'abord, *ce qu'il ne faut pas faire*. Chez un sujet atteint d'une occlusion intestinale que l'on soupçonne pouvoir être due à la migration d'un gros calcul biliaire, il faut éviter toute thérapeutique capable de *tétaniser* encore plus le segment intestinal bloqué. C'est dire que nous ne nous adresserons ni aux purgatifs, ni surtout au lavement électrique : pas de sécrétions excessives en amont du calcul, pas de coliques douloureuses, rien qui puisse aggraver l'état de spasme intestinal, telle doit être notre première règle de conduite.

Par un grand lavement huileux, nous viderons le segment intestinal inférieur. Par les lavages d'estomac à l'eau de Vichy chaude, nous modifierons, si possible, l'intolérance gastrique ; nous nous efforcerons de modifier vomissements et matières vomies.

La diète hydrique absolue sera prescrite, et on lui ajoutera, en cas de syndrome de déshydratation, des injections sous-cutanées ou des instillations rectales de sérum physiologique.

Enfin, tout le ventre sera recouvert de larges applications humides chaudes, et des injections d'huile camphrée ou de spartéine préviendront toute tendance au collapsus cardiaque.

Peut-on faire plus, au point de vue purement médical? Je ne vois guère qu'une médication qui pourrait être tentée, par l'administration *très prudente* de la belladone ou de l'atropine. On sait que la médication par la belladone, préconisée par Trousseau contre la constipation, a été reprise dans ces dernières années, surtout en Allemagne, et généralisée presque dans le traitement de toutes les affections spasmodiques et douloureuses du tube digestif, poussée même parfois à de très hautes doses; c'est ainsi que, dans l'ulcus pylorique, von Tabora préconise des injections quotidiennes de 2 milligrammes, 2 milligrammes et demi, et même 3 milligrammes de sulfate neutre d'atropine. Sans aller jusqu'à ces très fortes doses, A. Mathieu et J.-Charles Roux ont montré quels bons effets on pouvait retirer de la médication atropinique dans toutes les affections spasmodiques douloureuses et hypersécrétoires du tube digestif. Pourrait-on essayer d'y recourir dans l'iléus biliaire, où le spasme intestinal joue un si grand rôle? Peut-être, mais à condition de ne le faire qu'*au début* des accidents, et avec un diagnostic pathogénique bien établi, et ce sont là des conditions d'intervention relativement rares.

De plus, n'oublions pas que l'atropine est un agent très toxique, qu'elle paralyse le pneumogastrique cardiaque, qu'elle inhibe toutes les sécrétions glandulaires, et l'on comprend dès lors combien il faudrait se garder d'ajouter à l'intoxication intestinale de l'iléus biliaire une autre intoxication, ou de bloquer une sécrétion rénale déjà compromise ou très diminuée.

Ce n'est donc que sous la plus prudente surveillance que le traitement atropinique pourrait être tenté.

Reste la grosse question, celle de l'*intervention chirurgicale*. Quand et à quel moment faut-il la conseiller? Comment concilier ces deux données également certaines, l'une que très souvent l'élimination du calcul et la guérison spontanée peuvent être obtenues, même après des délais assez longs, après des accidents prolongés pendant 4 à 6 jours et même plus, l'autre que le blocage du calcul peut déterminer des lésions locales de la plus extrême gravité, en même temps que des accidents toxiques et infectieux de stercorémie, de congestion des bases pulmonaires, de parotidites, etc.?

Évidemment c'est affaire de surveillance et de jugement médical dans chaque cas particulier. Toute menace péritonitique, toute aggravation de l'état toxémique, doit être considérée comme motif suffisant pour conseiller l'intervention opératoire, et il me semble que, dans la majorité des cas, le *quatrième jour* constitue la date critique, celle où la temporisation expose plus gravement le malade que l'intervention. Mais ne prenons ceci que comme une donnée très générale. En matière d'iléus biliaire, notre devoir médical consiste à essayer de poser le diagnostic *aussitôt que possible*, puis *à ne faire ni trop ni trop peu*, programme idéal dont la pratique nous force à reconnaître toutes les difficultés. Mieux vaut, en tout cas, risquer d'opérer *trop tôt* que *trop tard*.

CHAPITRE XI

TRAITEMENT
DIÉTÉTIQUE ET MÉDICAMENTEUX
DE LA LITHIASE BILIAIRE

Au cours de la série de nos études précédentes, nous avons vu combien la lithiase biliaire était une maladie complexe, que l'on envisage sa pathogénie ou la multiplicité de ses formes et évolutions cliniques. De toutes ces données la thérapeutique doit tenir compte. Nous pouvons beaucoup pour le traitement de la cholélithiase, mais à condition de suivre des idées directrices bien nettes, de raisonner nos règles de conduite, de les adapter aux indications spéciales que chaque cas nous présente.

Il est évident que dans une maladie aussi chronique que la cholélithiase, dont les accidents se réitèrent souvent pendant de longues années, nous pouvons avoir à intervenir à des moments très différents : accidents paroxystiques aigus, périodes intercalaires qui séparent ces accidents, infection biliaire surajoutée, migrations calculeuses, voilà *quatre moments* possibles de la maladie, dont chacun comporte ses indications. Nous avons déjà essayé de préciser quelle devait être notre conduite médicale en présence des accidents de migration intestinale ; il nous reste à voir de quelles ressources thérapeutiques nous disposons pour traiter nos lithiasiques à l'état de *repos*, à l'état de *crise*, à l'état d'*infection biliaire*.

Nous nous adresserons pour cela au *régime alimentaire* et au *traitement médicamenteux*, réservant pour plus tard l'étude du traitement hydrominéral et des indications d'ordre chirurgical.

I

La question du *régime alimentaire* est capitale pour le traitement de nos cholélithiasiques, elle est de celles que nous ne devons jamais négliger.

Nos prescriptions diététiques se proposent un triple but, et nous devons demander au régime : d'être bien toléré, de ne provoquer aucun trouble digestif ; — de ne pas aggraver et d'atténuer, dans les limites du possible, les conditions chimiques productrices de la maladie ; — de prévenir les fermentations intestinales toxigènes et l'infection biliaire.

En pratique l'expérience clinique a depuis longtemps répondu et nous a appris, par tâtonnement, à faire la part des aliments qui doivent être permis ou défendus à nos malades. Et ce que nous faisions ainsi par observation et tradition, se trouve à peu près conforme aux données chimiques nouvelles de la pathogénie telle que nous les avons exposées, apportant à celles-ci la plus utile confirmation, s'il est vrai, comme l'a dit M. Bouchard et comme je le

crois, que « toute doctrine médicale se juge par ses conséquences thérapeutiques ».

Pour toutes ces raisons, le régime alimentaire est au
premier plan du traitement des cholélithiasiques, à tous les
moments et dans toutes les formes de la maladie, et même
chez les *opérés*, qui, trop souvent, se croient affranchis des
sujétions diététiques.

Prenons d'abord le cas le plus fréquent, celui des lithiasiques reconnus et à crises relativement rares. Que fait-
on chez eux, le plus souvent, sinon de soigner leurs crises
de colique hépatique, et de leur prescrire quelques cures
hydro-minérales? Cela est tout à fait insuffisant, et je crois
nécessaire, comme je l'enseigne depuis bien des années,
de toujours prescrire un *traitement intercalaire*, médicamenteux (et nous en verrons bientôt les ressources) et diététique[1].

Nous savons depuis longtemps que *les graisses* et *les
œufs* sont souvent mal digérés par les cholélithiasiques, et
cela seul suffirait à nous faire écarter ces aliments de leur
régime.

Mais de plus, nous avons vu que nos malades sont dans
la règle atteints d'hypercholestérinémie, et que le taux de
la cholestérine sérique et biliaire peut subir des variations
d'origine alimentaire, ainsi que l'ont montré les expériences et dosages de Klein, de Kusumoto, de Gardner,
de Goodmann, de Grigaut et Lhuillier, de Bacmeister et
Henes. La courbe suivante, due à Grigaut et Lhuillier, en
donne la démonstration :

Il est vrai que, d'après Grigaut, si dans la règle un

1. A. CHAUFFARD. Du traitement médical préventif des coliques
hépatiques à répétition. *Semaine médicale*, 2 janvier 1901.

régime riche en cholestérine augmente ou produit l'hypercholestérinémie, le fait ne paraît pas absolument constant.

Cette hypercholestérinémie d'origine alimentaire, *exo-*

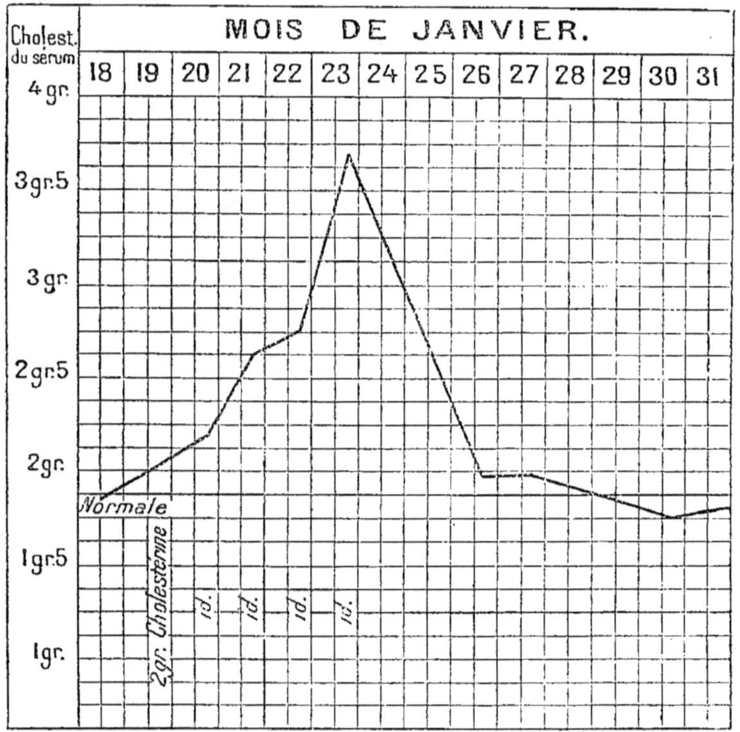

Hypercholestérinémie d'origine alimentaire chez le chien.

gène, cesse rapidement en modifiant le régime, ce qui la rend beaucoup plus modifiable que l'hypercholestérinémie *endogène*, de provenance surrénale par exemple.

Non seulement les aliments riches en cholestérine, mais même le simple *régime graisseux*, sans apport direct de cholestérine, peut faire monter simultanément dans le sérum les taux de la *lipémie*, de la *cholestérinémie*, et de la *lécithinémie*, comme le montrent les recherches de Widal, Weil et Laudat [1], pratiquées chez des sujets sains examinés à jeun depuis quinze heures, ou trois ou quatre heures après un repas composé de viande, pommes de terre et pain, et additionné de 5o grammes de beurre. Le tableau suivant en résume les données :

		LIPÉMIE	CHOLESTÉRI-NÉMIE	LÉCITHI-NÉMIE
I	A jeun.	6,68	1,95	1,40
	Après repas de graisse.	1o,39	2,6o	2,10
II	A jeun	6,07	1,74	1,19
	Après repas de graisse.	8,72	2,21	1,55

Il faut donc admettre que, dans ce cas, il se forme une certaine quantité de cholestérine aux dépens des graisses ingérées, et que celles-ci peuvent être *cholestérinigènes*. On comprend toute l'importance de ces données au point de vue de nos prescriptions diététiques.

Une preuve indirecte de l'influence alimentaire sur la cholestérinémie peut encore être tirée des dosages pratiqués par Grigaut chez les différentes espèces animales ; le taux de la cholestérinémie est d'autant plus élevé que le régime alimentaire moyen comporte un plus grand apport de cholestérine ou de graisses, ainsi que le montre le tableau suivant :

Il est probable, du reste, que les hypercholestérinémies de provenance alimentaire ne relèvent pas seulement de l'apport direct de cholestérine, et que celle-ci peut agir

---

1. F. WIDAL, WEILL et LAUDAT. La lipémie des brightiques. *Semaine médicale*, 6 novembre 1912, p. 529.

	NOMBRE D'ANIMAUX EXAMINÉS	TAUX MOYEN DE LA CHOLESTÉRINÉMIE	CHIFFRES EXTRÊMES TROUVÉS
Rat.	8	0,35	0.24 et 0,45
Cobaye.	10	0,40	0,22 et 0,50
Lapin..	28	0,45	0,18 et 0,85
. . . .	. . . . .	. . . . .	. . . . . .
Ovidés (mouton, chèvre).	46	0,65	0,50 et 0,93
Équidés (cheval, âne).	43	0,80	0,48 et 1,40
Suidés (porc). . . .	48	1	0,38 et 1,60
Bovidés (bœuf). . .	52	1,30	0,40 et 2,30
. . . .	. . . .	. . . .	. . . . . .
Hérisson.	2	1.50	1,45 et 1,55
. . . .	. . . .	. . . .	. . . . . .
Homme..		1,60	
. . . .	. . . . .	. . . .	. . . . . .
Chat.	8	1,50	0,90 et 2,50
Chien..	46	1,95	1,30 et 2,30

Taux moyen comparé de la cholestérinémie
chez les mammifères (A. GRIGAUT).

également comme excitant sécrétoire spécifique, comme *hormone*, par une de ces homostimulations dont l'histoire des sécrétions endocrines nous offre tant d'exemples.

Chez le sujet sain, les apports excessifs de graisses ou de cholestérine peuvent ne pas devenir pathogènes, par des *procédés de régulation* dont nous avons déjà parlé. Mais qu'il s'agisse au contraire d'un cholélithiasique actuel ou en puissance de prédisposition, que sa cellule hépatique devienne inapte à transformer la cholestérine en acides biliaires et soit déjà en état d'*insuffisance cholaligénique*, l'excès de cholestérine deviendra permanent, se reflétera dans la composition chimique de la bile, et aura pour effet la production de un ou plusieurs de ces *calculs cholestéri-niques radiaires*, aseptiques, dont nous avons vu la grande fréquence.

Telles sont les bases scientifiques du régime que nous devrons prescrire à nos lithiasiques, et les applications pratiques qui en dérivent se déduiront donc de la teneur en cholestérine des principaux aliments.

Celle-ci se trouve résumée dans le tableau suivant :

	CHOLESTÉRINE POUR 1.000 GRAMMES DE SUBSTANCE FRAICHE
Viande de veau	0 gr. 60
— porc	—
— mouton	0 gr. 80
— cheval	—
— bœuf	—
Cœur de veau	1 gr. 50
Foie de veau	2 gr. 50
Ris de veau	2 gr. 80
Rognons de veau	3 gr. 50
Mou de veau	4 gr. 50
Cervelle de veau	20 gr.
Lait de vache	0 gr. 20
Beurre de vache	4 gr.
Jaune d'œuf	20 gr.
1 jaune d'œuf contient 0 gr. 25 de cholestérine.	

Teneur pour 1000 en cholestérine des principaux aliments (A. GRIGAUT).

Nous défendrons donc à nos malades de faire usage de *cervelles*, d'*œufs*, de *beurre*, de *graisses*, *ragoûts*, *fritures*, *oie*, *canard*, *rognons*, *ris de veau*, *foie de veau*. Les cervelles et les œufs, surtout ceux-ci à cause de leur usage souvent journalier, seront particulièrement interdits.

L'interdiction des œufs aux cholélithiasiques doit porter surtout sur les *plats d'œufs*, œufs à la coque, brouillés, sur le plat, en omelettes. Ce sont eux surtout qui sont mal supportés par les malades, ainsi que l'a montré Linossier [1]. Par contre, les œufs durs et surtout les œufs pris sous forme d'entremets, sont en général bien tolérés. On pourra donc les autoriser, à condition que leur ingestion soit à doses modérées et non quotidiennes.

On permet souvent aux hépatiques et lithiasiques le beurre *cru*, alors que le beurre *cuit* leur est interdit. La raison de cette distinction se trouve dans ce fait que le beurre cru est certainement plus facile à digérer que le beurre cuit, et qu'il est en outre plus possible d'en mesurer et restreindre la quantité.

Le lait, souvent très riche en beurre sera donné *écrémé*. Quant aux aliments végétaux, leur teneur en « stérines » est faible, un peu plus élevée dans les semences et surtout les semences en germination, mais sans dépasser l'ordre de o gr. o5 pour 1000. Leur teneur exacte ne peut être déterminée à l'heure actuelle, car il s'agit non de *cholesté-rine* mais de *stérines*, dont nous connaissons encore très mal les caractères physiques et chimiques. Les céréales, blé, seigle, avoine, sont très pauvres en cholestérine ; les légumineuses en contiennent davantage, surtout à l'état de maturité, haricots, lentilles, petits pois, surtout ceux-ci, semble-t-il, bien que toute cette question soit à reprendre avec des méthodes chimiques plus précises. Les salades et légumes herbacés contiennent également très peu de cho-lestérine et, en somme, le *régime hypocholestérinique*

---

1. G. Linossier. Sur la toxicité des œufs. *Bulletin de l'Académie de Médecine*, 19 mars 1918, p. 237.

typique serait formé de viande dégraissée grillée ou rôtie, de céréales, de verdure, de quelques légumineuses, de lait écrémé, de fruits.

Les bons effets de ce régime me paraissent indiscutables chez les cholélithiasiques et chez les xanthélasmiques.

D'autre part, n'oublions pas qu'une solidarité pathologique intime unit la glande hépatique et l'intestin, et que toutes les fermentations intestinales toxigènes ont leur retentissement direct sur le foie, soit par voie canaliculaire ascendante suivant l'ancienne doctrine, soit surtout, d'après les recherches modernes, par voie septicémique.

Avant tout, nous éviterons donc toutes occasions d'*infection* pour les voies biliaires d'un lithiasique, et ainsi nous serons conduits à interdire l'usage de la charcuterie, du boudin, du gibier et des aliments faisandés ou épicés, des fromages forts.

Une imprudence de régime peut coûter très cher, et je n'aurais qu'à rappeler l'histoire d'un de mes malades atteint de coliques hépatiques à répétition, et qui, par le fait du régime et du traitement médicamenteux, n'avait plus de crises depuis plus d'un an. Il se crut guéri et se permit un jour, dans un déjeuner d'amis, de faire beaucoup trop largement honneur à un excellent *cassoulet*, mets à la fois très gras et très épicé. Dans la nuit même éclatait une grande crise de colique hépatique, des accès fébriles se répétaient, sa lithiase passait de l'état toléré et latent à une phase grave d'intolérance vésiculaire et d'infection, et il dut être opéré quelques semaines plus tard.

Comme dernière prescription diététique, nous éviterons de surmener le foie, et de provoquer les réactions vésiculaires par des repas trop copieux. Le cholélithiasique doit

manger *peu à la fois*, et *souvent*, et, suivant le conseil très
sage de M. Gilbert, fractionner ses repas, en faire quatre à
cinq, très modérés chacun, dans les 24 heures.

Cette hygiène alimentaire des cholélithiasiques à crises
relativement espacées, sera complétée par des conseils d'un
autre ordre, mais non moins importants. La marche sera
toujours permise, mais on évitera toutes les causes de
secousse abdominale, d'*ébranlement vésiculaire*, telles que
voyages prolongés en chemin de fer, courses en autobus,
en taxi-autos, en voitures mal suspendues, sports violents
et efforts brusques, etc.

Le bas-ventre, surtout chez les sujets adipeux ou pto-
siques, sera soutenu le jour par une sangle appropriée,
prescription très importante et qui apporte souvent un
soulagement notable aux malades. Le corset, chez la femme,
devra laisser son libre jeu au diaphragme et ne causer
aucune compression sous-hépatique.

Enfin, le fonctionnement de la peau sera activé par des
bains alcalins, des frictions alcooliques, mais en évitant
toutes excitations trop fortes, et, à cet égard, je signale les
mauvais effets du climat marin, des bains de mer. Il n'y a
pas d'année que je ne voie une série de cas de reviviscence
des coliques hépatiques après un séjour au bord de la mer,
en particulier quand il s'agit des séjours prolongés que l'on
fait l'hiver sur les bords de la Méditerranée.

2° Chez les lithiasiques *à crises répétées*, et abstraction
faite pour le moment des indications d'ordre chirurgical,
la direction hygiénique et diététique devient très délicate
et doit évidemment être plus rigoureuse.

Ici *le repos* à peu près complet s'impose, au lit ou sur
chaise longue, et le régime sera très sévère. Le lait sera

donné *écrémé*, comme le conseille M. Gilbert, comme je l'ai également toujours fait. Mais s'en tenir à ce lait appauvri, même en l'additionnant de sucre, aboutit à une ration alimentaire insuffisante, les sujets *s'inanitient*, et je les ai vus souvent maigrir et perdre leurs forces à un degré vraiment inquiétant, plusieurs fois même réveiller, par le fait de cette inanition, des tuberculoses antérieures et latentes.

Chez ces sujets inanitiés par excès de restriction alimentaire, MM. Enriquez et Binet [1] ont noté un fait intéressant, conforme aux expériences classiques de Chossat, aux constatations cliniques de A. Mathieu et J.-Ch. Roux : le foie *diminue de volume*, sa matité sur la ligne mamelonnaire tombe à 7 ou 8 centimètres, et cependant, il *reste douloureux* à la pression. Si partant de cette notion de douleur locale le régime était encore plus réduit, on voit à quels résultats désastreux on arriverait fatalement.

Je conseille donc de *peser les malades*, de surveiller de très près leur état général, de ne pas leur imposer des restrictions exagérées au point de vue alimentaire, d'autant que, par peur des crises, les malades n'ont déjà que trop de tendances à ne plus manger. Nous ajouterons donc au lait écrémé du sucre, ce précieux aliment énergétique, quelques fécules, du riz, de la semoule, quelques purées légumineuses, des fruits cuits, parfois un peu de poulet, tout cela sous forme de petits repas, régulièrement fractionnés et espacés.

Ce serait du reste une erreur, je crois, de demander uniquement la suppression des crises au repos et au régime restreint; il faut arriver à maintenir aux malades une

---

1. Enriquez et M. E. Binet. Inanition et lithiase biliaire. *Archives des maladies de l'appareil digestif et de la nutrition*, 1907, p. 321.

ration alimentaire suffisante, et c'est là où le *traitement médicamenteux* peut, nous le verrons bientôt, rendre les meilleurs services.

Si cependant le lithiasique maigrit trop, il se trouvera très bien d'une série d'*injections de cacodylate de soude*. L'arsenic est parfaitement supporté en pareil cas et sous cette forme, et il y a là un traitement latéral, pour ainsi dire, que je ne saurais trop recommander.

3° Chez les cholélithiasiques *infectés* ou en état d'*ictère chronique*, nous prescrirons lc bouillon de légumes et le lait pour les premiers, le régime hypo-adipeux et hypo-toxique pour les seconds, mais ici le traitement diététique devient très insuffisant pour amener à lui seul la rétrocession de ces complications dont nous connaissons toute la gravité.

II

Pour nécessaires qu'elles soient, ces indications générales d'ordre diététique et hygiénique sont loin d'épuiser notre part et nos moyens d'action dans le traitement de la lithiase biliaire. Celui-ci reste trop souvent incomplet et insuffisant, et je dirais presque que la cholélithiase est, en tant que maladie, une de celles que l'on soigne le moins; un peu de régime, les cures hydro-minérales, et c'est tout. On se contente de soigner la crise de colique hépatique, on fait peu de chose pour la prévenir. C'est là une erreur de pratique médicale que j'ai signalée dès 1901, et l'expérience n'a cessé de me démontrer la nécessité des *traitements intercalaires* entre les crises, traitements méthodiques et prolongés. Nous devons un peu agir, en présence d'une cholélithiase en évolution, comme nous le faisons dans les cas d'*angor pectoris* : soigner l'accident paroxystique et nous efforcer d'en prévenir le retour.

Les médications de la cholélithiase sont trop nombreuses et trop diverses pour je prétende en donner une histoire complète. Je me bornerai à signaler celles dont l'observation clinique m'a démontré l'utilité.

A la première place, je crois que nous devons placer la *médication salicylique.* Sur ce point, physiologistes et médecins ont fait mêmes constatations; d'après les expériences classiques de Rutherford, de Levaschew, de Prévost et Binet, de Rosenberg, l'acide salicylique ingéré s'élimine par voie biliaire, agit à la fois comme un cholagogue fluidifiant, comme un analgésique, comme un antiseptique biliaire.

Les recherches plus récentes de P. Cartier [1] ont également démontré que le salicylate de soude est un agent de sécrétion biliaire de premier ordre. Qu'on l'emploie par voie intraveineuse, digestive ou sous-cutanée, il augmente la sécrétion biliaire, non seulement au point de vue de sa dilution et de sa quantité totale, mais aussi en tant qu'élimination d'extrait sec, de sels biliaires et de graisses. L'action médicamenteuse est rapide, débute une demi-heure après l'ingestion et atteint son maximum d'effet dans les deux heures : d'où l'indication des doses fractionnées et répétées.

C'est le plus souvent le *salicylate de soude* que nous emploierons, seul, ou associé au *benzoate de soude,* comme je

1. POLAIN CARTIER. Le salicylate de soude dans les affections du foie. *Bulletin général de Thérapeutique,* 8 juillet 1912, p. 28.

l'ai proposé en 1901. Les doses seront faibles, bien éloignées de celles que l'on donne dans le rhumatisme articulaire aigu. La formule que j'emploie le plus souvent est la suivante :

Salicylate de soude.	10 gr.
Benzoate de soude	20 gr.

En 30 cachets. Deux à trois fois par jour, pris entre les repas, chacun avec un verre à Bordeaux de Vichy-Célestins, cette eau ne servant ici qu'à rendre moins irritant pour la muqueuse gastrique le contact du sel salicylique.

Cette médication sera instituée, par exemple, quinze jours le premier mois, dix jours les mois suivants, suivant tolérance et indications.

Si les crises sont fréquentes, si l'intolérance vésiculaire est trop aiguë, il y a avantage à remplacer le salicylate de soude par l'*aspirine* dont on donnera deux à trois doses de o gr. 5o par jour, mais prises sans adjonction d'eau alcaline.

Enfin, si la muqueuse gastrique supporte mal les composés salicyliques, on donnera le salicylate de soude par voie rectale, ou on recourra au *salophène*, à la dose moyenne de 1 gr. 5o à 2 grammes par jour, médicament qui a l'avantage de ne se dédoubler que dans l'intestin.

Pendant longtemps, c'est encore par la médication salicylique que j'ai traité les infections biliaires d'origine calculeuse, en associant au salicylate de soude le salol et le bétol, comme dans la formule suivante :

Salicylate de soude.		
Salol	ãã 10 gr.	
Bétol.		

En trente cachets. Trois par jour.

Mais depuis, j'ai substitué à cette médication celle par l'*urotropine*, médicament qui me paraît actuellement le meilleur et le plus actif des antiseptiques biliaires.

En 1908, S. J. Crowe a montré expérimentalement chez le chien et chez le lapin que l'urotropine s'éliminait *par la bile* aussi bien que par les urines ; même résultat constaté chez des opérés à fistule biliaire, en même temps que leur bile infectée par le colibacille ou le bacille typhique tendait à devenir stérile. Crowe conseillait donc théoriquement, et sans faits cliniques à l'appui, de donner l'urotropine dans les *cholécystites aiguës*, et pour la *stérilisation préopératoire des vésicules infectées.*

Chez cinq malades cholélithiasiques à fistule biliaire récente, opérés par mon collègue M. Quénu, j'ai pu faire vérifier par A. Grigaut l'élimination biliaire de l'urotropine [1], et nous avons vu que cette élimination est rapide et intense, et par cela même de courte durée ; en 24 heures, les réactions du formol disparaissent.

L'élimination par la bile paraît aussi active que par les urines, et elle doit donc donner mêmes résultats efficaces d'antisepsie glandulaire. C'est en effet ce que démontre l'observation clinique, et pendant ces dernières années, j'ai eu bien des fois l'occasion de constater l'efficacité de la médication urotropinique chez les cholélithiasiques infectés. Sans doute, si la virulence est trop exaltée, l'action antiseptique peut être insuffisante, mais le plus souvent, surtout dans les formes à accès fébriles séparés par des périodes de rémission, la fièvre s'atténue ou tombe, les

---

1. A. CHAUFFARD. L'urotropine dans le traitement des infections biliaires aiguës et de la fièvre typhoïde. *Semaine médicale*, 8 mars 1911.

accès fébriles s'espacent, puis disparaissent. Glace, urotropine, diète hydrique, ainsi peut se résumer le traitement médical des infections biliaires d'origine lithiasique.

La dose active *minima* me paraît être de 1 gramme, la dose à peu près *maxima* de 2 grammes, en prises régulièrement espacées de o gr. 5o. Au delà de 2 grammes par jour, les accidents d'intolérance urinaire apparaissent, mictions fréquentes, douleurs de vessie, parfois même hématurie congestive. Je n'ai jamais pu, pour ma part, faire supporter les doses beaucoup plus fortes que M. Triboulet a récemment conseillé d'employer chez les typhiques.

Parmi les autres médications de la cholélithiase, je ne ferai que nommer le classique *remède de Durande*, qui poursuivait le but un peu chimérique de la solubilisation directe des calculs biliaires dans la vésicule.

Beaucoup plus efficace est la médication par l'*huile d'olive*, empirique à ses débuts, mais dont l'expérimentation physiologique a montré l'action cholalogue incontestable. Autrefois, quand j'ai repris l'étude de la médication par l'huile [1], j'employais les doses massives de 200 à 3oo grammes données une seule fois le matin à jeun. Depuis lors, il m'a paru préférable de donner pendant quatre ou cinq jours de suite, des doses modérées et progressives de 5o à 6o, à 8o ou même 100 grammes, prises le matin à jeun ; le lendemain du jour où la série est terminée, on donne une dose d'huile de ricin, et l'on aura soin de ne pas prendre pour des calculs biliaires les con-

---

1. A. CHAUFFARD et E. DUPRÉ. Note sur le traitement de la lithiase biliaire par l'ingestion d'huile d'olive à hautes doses. *Société médicale des Hôpitaux*, 12 octobre 1888.

crétions pseudo-calculeuses, sphéroïdales ou olivaires, à aspect et consistance de *cire verte*, que l'on peut trouver en grand nombre dans les fèces, et qui ne sont formées que d'acides gras, comme l'ont prouvé les analyses de Villejean.

On peut, avec avantage, substituer à l'huile le corps qui paraît sa principale condition d'activité, *l'acide oléique chimiquement pur*, préconisé par le Dr Arthault de Vevey, et donné une heure avant chacun des deux grands repas à la dose de deux capsules de o gr. 5o. Cette médication prolongée pendant deux à trois semaines de suite, puis reprise par intervalles, est en général bien supportée et m'a donné souvent d'excellents résultats. Au contraire, l'efficacité de la glycérine, conseillée par Ferrand, me paraît très douteuse.

On a beaucoup préconisé, dans ces dernières années, l'emploi des *sels biliaires*, ou des poudres ou extraits de *fiel de bœuf*, et de nombreuses spécialités de ce genre sont très employées. J'engage à ne les prescrire que prudemment et à des doses très modérées. Toutes ces préparations ont une action excito-motrice très prononcée sur les fibres lisses de la vésicule et de l'intestin, et provoquent souvent des contractions douloureuses ou de la diarrhée. Je ne les emploie guère que chez les lithiasiques torpides, constipés, qui, sans grandes crises, ont de temps en temps les fèces pâles ou décolorées. L'existence du prurit ictérique me paraît une contre-indication pour l'emploi des sels biliaires.

Dans les formes tolérantes, non infectées, et surtout quand il y a double lithiase, hépatique et rénale, les *capsules d'huile de Harlem*, à la dose de une à deux par jour par périodes de dix à quinze jours, peuvent rendre service. J'en dirai autant des préparations de Boldo et de Combretum.

Mais les médications fondamentales restent, à mon avis, la *médication salicylique* et l'*acide oléique* pour les formes douloureuses de la lithiase, l'*urotropine* dans les cas compliqués d'infection biliaire.

III

Si, malgré le régime, l'hygiène générale, le traitement médicamenteux, la crise de *colique hépatique* éclate, d'autres indications se posent. Elles sont classiques aussi bien que les moyens de les remplir, et on peut ne les signaler que très brièvement.

Dès le début de la crise douloureuse, on fera sur tout l'hypocondre droit une large application de compresses imbibées d'eau bien chaude, exprimées, et recouvertes d'un taffetas chiffon. C'est le premier moyen à employer et le plus simple ; il soulage toujours les malades et peut être complété par la prise d'un bain chaud un peu prolongé.

Veut-on une action sédative plus décisive, on fera des onctions locales avec une pommade gaïacolée ou chloroformée, ou additionnée d'une des nombreuses préparations analgésiques récentes, spirosal, salicylate d'amyle, ulmarène, etc...

Enfin, s'il le faut, on recourra aux médications internes, lavement au choral, gouttes morphinées, et, comme dernière ressource, et la seule qui calme vraiment les grandes crises, l'injection de morphine. Mais celle-ci ne sera employée que *très prudemment,* aux doses suffisantes *minima,* nous ne les répéterons que le moins possible, de façon à éviter soit la sidération nerveuse dans les formes longues et cachectisantes, soit l'accoutumance et la création du besoin de morphine, si rapide parfois, surtout chez les névropathes.

Si le malade paraît affaibli, si nous craignons qu'il supporte mal la morphine, associons celle-ci à l'*éther*, comme l'a conseillé Ferrand, en injectant à la fois un centigramme de morphine et un demi-centimètre cube d'éther.

Voilà les principales indications à remplir, et ces moyens très simples, joints à la diète hydrique, permettent le plus souvent d'enrayer les accidents.

Si cependant la crise se prolonge, si la vésicule reste douloureuse d'une façon continue, nous remplacerons les applications chaudes par la *vessie de glace.* Nous devrons ainsi, suivant le cas, ou à tour de rôle, manier *le chaud* et *le froid*, les applications chaudes convenant aux crises de moyenne intensité et apyrétiques, la glace trouvant ses indications dans les crises plus graves, de longue durée, et auxquelles s'ajoute une réaction inflammatoire plus nette de la vésicule.

Une fois la crise terminée, nous retrouvons les indications du traitement intercalaire tel que nous l'avons formulé, avec ce double objectif, que nous ne devons jamais perdre de vue dans le traitement de la cholélithiase, calmer l'excitabilité vésiculaire, rendre ou maintenir *tolérée* la maladie calculeuse, et assurer ou rétablir l'asepsie biliaire.

Le vieil aphorisme de *quieta non movere* ne s'applique nulle part mieux qu'en matière de lithiase biliaire, et nous verrons bientôt que c'est là une des conditions qui rendent souvent si délicates la prescription et la direction des cures hydro-minérales.

Ayons donc la main légère avec nos lithiasiques à réactions douloureuses, évitons de les remuer, de les masser, n'oublions jamais que le but de notre effort médical est de rendre tolérante cette vésicule qui se défend et lutte, la plupart du temps sans succès, contre le corps étranger qu'elle contient. Essayons d'obtenir une *guérison apparente*, c'est-à-dire la sédation des accidents. Nous le pouvons souvent, mais sans certitude de durée. Ne promettons jamais à nos malades de les guérir, au sens absolu du mot ; disons-leur seulement, ce qui est la vérité, que nous les mettons dans les meilleures conditions possibles pour atténuer ou supprimer leurs crises douloureuses.

CHAPITRE XII

TRAITEMENT HYDRO-MINÉRAL
DE LA LITHIASE BILIAIRE

Parmi les maladies chroniques que la tradition médicale considère comme justiciables des cures hydro-minérales, la lithiase biliaire occupe une des premières places, et, sur ce point, malades et médecins sont pleinement d'accord. Reconnaître les indications de ce traitement hydro-minéral, et savoir faire dans chaque cas le choix le plus judicieux, voilà donc une question pratique de la plus haute importance, qui se pose chaque jour devant nous, et qui ne laisse pas souvent que d'être fort délicate à résoudre.

Pour la traiter dans toute son ampleur, il faudrait presque réunir en soi une double personnalité, être à la fois le médecin qui envoie aux eaux et le médecin qui dirige la cure thermale. Puisque cela n'est pas possible, on me permettra de ne me placer qu'à un point de vue, celui du médecin qui choisit le malade, lui indique la station à laquelle il doit se rendre, le revoit plus tard et constate les résultats de la cure qu'il a ordonnée mais qu'il n'a pas eu à diriger. Il est ainsi meilleur juge du résultat thérapeutique que de la manière dont celui-ci a été obtenu.

Aucun de nous ne peut se désintéresser des traitements hydro-minéraux, et ce serait être bien attardé et fort peu au courant de toute l'orientation moderne de nos idées que de s'en tenir au scepticisme souriant et un peu ironique avec lequel parfois encore on en entend parler. Les cures thermales sont un très puissant moyen thérapeutique, d'action infiniment plus complexe qu'on ne l'a cru longtemps ; elles peuvent faire beaucoup de bien ou beaucoup de mal, suivant que nous saurons ou non les prescrire et les manier. Mais ce qui leur est très particulier, c'est qu'elles relèvent nécessairement d'une *collaboration médicale*, dans laquelle trouvent place deux médecins, celui qui envoie le malade, et celui qui dirige le traitement thermal. Nous supposerons que nous sommes le premier médecin, et c'est sous cet aspect que nous allons étudier le traitement hydro-minéral de la lithiase biliaire.

Notre premier souci doit être tout d'abord de faire parmi nos lithiasiques le *triage* nécessaire et de n'envoyer aux eaux que ceux de nos malades pour lesquels une médication de ce genre est réellement indiquée. C'est là pour nous un double devoir, qui nous oblige vis-à-vis de nos clients et aussi vis-à-vis de notre confrère de la station que nous aurons choisie. Envoyer un *mauvais cas* à une cure thermale, c'est desservir les intérêts de notre malade, et c'est en même temps mettre notre correspondant médical dans une situation fort délicate ; ou il soignera quand même, et avec la plus extrême prudence, ce client indésirable qui lui a été adressé, ou il le renverra ; mais alors c'est souvent une suprême et dernière espérance qu'il retire à son malade et c'est du même coup une sorte de démenti qu'il inflige au confrère qui a eu recours à lui. Nous n'avons qu'un moyen d'éviter cette pénible situation, c'est d'être nous-mêmes très avertis et très prudents, de ne prescrire les cures thermales qu'à bon escient, par choix réfléchi et non par routine traditionnelle et machinale.

Quels sont donc parmi les cholélithiasiques ceux *qu'il ne faut pas envoyer* faire un traitement hydro-minéral ?

Je les crois assez nombreux, au moins autant que j'en puis juger d'après ma pratique personnelle. Essayons de les passer en revue et de les classer.

Tout d'abord, les *lithiasiques infectés*, qui viennent de traverser une ou plusieurs crises graves, avec fièvre, qui restent des douloureux, en puissance de cholécystite subaiguë, ébauchant ou menaçant de réaliser des rechutes, ceux-là ne relèvent pas, au moins pour le moment, de la cure thermale. Traitons-les par l'antisepsie biliaire, discutons, s'il y a lieu, l'opportunité d'une intervention chirurgicale, mais ne leur prescrivons ni un voyage ni une cure qu'ils ne seraient pas en état de supporter.

Sans même arriver à des cas aussi graves, j'en dirai autant de ces malades, si nombreux, qui sont atteints de *coliques hépatiques à répétition*, avec ou sans cholécystite, et chez lesquels l'intolérance vésiculaire réveille sans cesse des réactions douloureuses. Il faut attendre que l'orage soit passé, prescrire le régime, le repos, les applications chaudes, la médication salicylique, rendre tolérante cette vésicule hyperesthésiée, et l'heure sera alors venue de la cure thermale, mais pas avant. Pour ma part, j'estime qu'il faut compter un intervalle de six semaines à deux mois depuis la dernière crise, et en supposant que celle-ci ait été bénigne, avant de recourir au traitement hydro-minéral.

Par contre, je considère que le diagnostic ou même la présomption d'une *oblitération calculeuse du cholédoque*, constitue une contre-indication formelle. C'est dire que l'ictère calculeux *chronique* doit suggérer d'autres directions thérapeutiques, et combien de ces malades ont été envoyés, parfois pendant plusieurs années, à Vichy ou à Carlsbad, qui ne pouvaient guérir que par l'acte chirurgical ! Ici, le diagnostic précoce et l'opération faite en temps opportun doivent être nos idées directrices.

Nous avons vu combien il était nécessaire de peser nos malades et de suivre de près leur température ; aussi bien que le pronostic nos décisions thérapeutiques en dépendent. Nous ne prescrirons pas une cure thermale à un sujet *en voie d'amaigrissement continu.* Sans doute, Vichy peut engraisser les *petits amaigris*, ceux qui digèrent mal, ont perdu l'appétit, et souvent le retour de celui-ci est un des premiers résultats obtenus par la cure thermale, un des meilleurs indices de l'opportunité de celle-ci. Mais quand la courbe de poids est franchement descendante, abstenons-nous ; une série d'injections de cacodylate de soude sera beaucoup mieux indiquée et pourra même devenir le moyen de rendre possible le traitement différé.

L'état de *grande hypertension artérielle*, chez les artérioscléreux, les néphro-scléreux, les surmenés, les grands tabagiques, quand on trouve au Pachon une tension maxima de 20 à 25, une tension minima également suré levée, un pouls tendu et serré, une radiale scléreuse, une temporale dilatée, sinueuse, fortement pulsatile, tout cela rendrait dangereuse une cure thermale. On dit souvent, dans le public, que Vichy *congestionne* ; il ne congestionne que ceux que l'on n'aurait pas dû y envoyer ou qui sont mal surveillés. Choisissons bien nos malades, enregistrons leur tension artérielle, et nous n'aurons pas à déplorer ces graves accidents que l'on voyait assez souvent survenir autrefois, et qui deviennent beaucoup plus rares depuis que nous sommes des observateurs avertis et mieux armés.

Même l'hypertension artérielle modérée, si elle n'est pas une contre-indication formelle, n'en demande pas moins une très grande prudence dans la direction du traitement.

Il va sans dire que tout signe de *diminution de la perméabilité rénale* conduirait aux mêmes conclusions.

Il est une autre condition, moins connue, qui me paraît contre-indiquer les cures alcalines, c'est l'existence antérieure d'une *cystite*. La cystite est loin d'être rare, chez les femmes notamment qu'il a fallu sonder après un accouchement ou une opération gynécologique, et, même quand elle paraît depuis longtemps guérie, l'infection vésicale n'est que trop sujette à des retours offensifs. C'est ce qui peut toujours se produire quand une cure hydro-minérale vient alcaliniser les urines ; les douleurs reparaissent, les urines redeviennent troubles ou purulentes, la cure est interrompue, et la cystite ainsi réactivée peut être singulièrement pénible et tenace. J'en ai vu plusieurs exemples, et, pour cette raison, je me garde d'envoyer à Vichy ou à Carlsbad les lithiasiques qui ont dans leur passé des accidents d'infection urinaire.

La *vieillesse* est-elle une contre-indication absolue ? Je ne le crois pas, et j'ai connu des octogénaires qui faisaient encore avec grand profit leur cure annuelle à Vichy. Ce n'est pas ici affaire d'âge, mais de tension artérielle et de perméabilité rénale.

Voilà les principaux types des malades qu'il ne faut pas envoyer aux cures thermales. Mais ces éliminations une fois faites, nombreux sont ceux à qui les médications hydro-minérales pourront rendre les plus grands services.

Nous considérerons comme tels tous les cas de *lithiase au début*, soit à la phase prémonitoire des simples troubles digestifs, soit quand il s'agit de vraies coliques hépatiques, mais espacées et apyrétiques ; de même encore, les lithiasiques obèses, sédentaires, gros mangeurs, les surmenés, ceux qui par le fait d'écarts de régime font des poussées congestives du foie ; les lithiasiques excitables même, si par un traitement méthodique on a d'abord ramené leur vésicule à l'état de tolérance ; enfin, *les lithiasiques opérés*, et ceux-ci sont des cas tout à fait favorables à la médication thermale et qui en retirent le plus grand profit. C'est là un excellent complément médical de la cure opératoire.

Une fois notre triage fait, dans quel esprit conseillerons-nous à nos lithiasiques le traitement hydro-minéral, et que demanderons-nous à celui-ci ? Sur ce point, nos idées se sont peu à peu modifiées dans ces dernières années, et ont subi en matière de traitement la même évolution qu'en ce qui concerne la pathogénie des accidents lithiasiques. Aussi longtemps que l'on a considéré la colique hépatique comme un procédé de guérison, que l'on a cru la migration et l'élimination calculeuse décelées par les poussées d'ictère qui succèdent aux crises, on a demandé à la cure thermale d'être avant tout *expulsive*, on a prescrit de fortes doses d'eaux minérales, on s'est adressé de préférence aux sources les plus actives. Quand la crise douloureuse se produisait, vers le huitième ou dixième jour de la cure par exemple, elle était presque attendue et désirée, et malade et médecin s'en félicitaient comme d'une heureuse occurrence, gage de probable guérison. On raisonnait en matière de calculs biliaires comme on le fait pour les calculs urinaires, mais bien à tort, car les conditions sont très différentes dans les deux cas, et ce qui est vrai pour Contrexéville est loin de l'être pour Vichy.

Je ne reviens pas sur cette question de l'élimination intestinale des calculs biliaires, et je me borne à rappeler que, à part les gros calculs solitaires qui peuvent émigrer par fistule vésico-intestinale, les calculs que l'on rencontre dans les fèces sont, dans l'immense majorité des cas, des *calculs à facettes*, que ceux-ci sont toujours nombreux, et que leur expulsion est rarement totale ; la crise est beaucoup moins libératrice qu'elle ne le paraît, et, à la provoquer, on n'obtient souvent qu'un bénéfice douteux ou très aléatoire.

Par contre, à combien de dangers et d'incidents fâcheux a conduit cette conception toute mécanique et un peu brutale de la cure thermale ! Combien de fois on a réveillé une lithiase redevenue latente, et déclanché des séries de crises dont il n'est pas toujours facile d'enrayer l'enchaînement ou l'aggravation.

C'est pour ces motifs que la pratique de nos confrères des stations thermales s'est progressivement modifiée, dans le sens de la modération et de la prudence. La plupart d'entre eux, aujourd'hui, ne demandent plus à la médication hydro-minérale une *action excito-motrice*, qui est plus redoutée que recherchée ; ce qu'ils cherchent à obtenir c'est au contraire la *sédation* des douleurs, la diminution de l'excitabilité vésiculaire.

D'autre part, nous considérons l'eau minérale ingérée comme un *médicament* qui va agir sur la sécrétion biliaire, en modifier la qualité et la quantité ; dont l'action peut même être beaucoup plus profonde, et tout le courant des recherches modernes nous montre les cures thermales comme capables de modifier puissamment, chez les cholélithiasiques, le *chimisme hépatique* et même l'ensemble du *métabolisme nutritif.* Nous verrons bientôt quels intéressants résultats ont été obtenus dans ce sens à Vichy, et combien ils viennent à l'appui des conceptions pathogéniques nouvelles que j'ai exposées.

Ainsi, nous nous faisons de la cure thermale une idée beaucoup plus large que par le passé, beaucoup plus physiologique aussi ; notre ambition est moins de vider une vésicule habitée, que de modifier son état anatomique et fonctionnel, d'éviter ses réactions douloureuses, de la rendre tolérante, et en même temps d'agir sur l'ensemble des échanges nutritifs et sur les fonctions de la cellule hépatique.

Sans doute, ce que nous nous efforcerons ainsi d'obtenir, c'est moins la guérison absolue de la cholélithiase que la rémission des accidents et la guérison clinique apparente. Mais pour être plus modeste le résultat ne sera pas moins bienfaisant, et je crois surtout qu'il sera beaucoup plus réel.

Après cette discussion générale, il nous faut arriver à la conclusion pratique ? Quelles cures thermales peuvent être conseillées dans le traitement de la lithiase biliaire, et comment, dans chaque cas, déterminerons-nous notre choix?

Je ne puis évidemment passer en revue toutes les stations qui peuvent, en pareil cas, prétendre à une efficacité thérapeutique; on me permettra de n'indiquer que celles qui depuis longtemps ont fait leurs preuves, et qui représentent les types principaux de la médication hydrominérale de la cholélithiase.

Au premier rang, il n'est que juste de placer les deux grandes stations alcalines chaudes de *Vichy* et de *Carlsbad*.

Je rappelle que les eaux de Vichy sont des bicarbonatées sodiques, contenant en outre de faibles quantités d'arsenic, de magnésie, de fluor, de sulfate de soude, de chlorure de sodium. Leur température varie de la source froide des Célestins, aux sources chaudes, les plus employées, variant de 34° à 44°.

Les eaux de Carlsbad varient de température entre 36° et 73°, et ont une composition chimique à peu près constante; ce sont des eaux sulfatées, bicarbonatées et chlorurées sodiques.

Ne cherchons pas à comparer dans le détail les ressources et moyens thérapeutiques de ces deux stations; cela nous entraînerait plus loin que ne le comporte le cadre de cet exposé. Mais rappelons que, de part et d'autre, la cure est *complexe*, à la fois interne et externe, et que la tendance moderne est de plus en plus d'user largement de tous les moyens physiothérapiques externes qui forment le complément nécessaire de l'administration interne du médicament hydro-minéral.

A Vichy, c'est surtout la balnéation et les douches sous-marines qui sont employées. A Carlsbad, on fait grand usage des applications locales, sur la région hépatique, de boues importécs de Franzensbad; ce cataplasme chaud, ou *moorumschlag*, laissé en place pendant une demi-heure environ, est très utile pour soulager ou éteindre les états douloureux de la vésicule, en même temps qu'il empêche la constipation. Il serait à désirer que ce procédé thérapeutique fût également installé et applicable à Vichy.

Un des points les plus curieux de l'action thérapeutique de Vichy et de Carlsbad, c'est que dans l'une et l'autre de ces stations chaque source a vraiment *sa personnalité*, et provoque des réactions médicamenteuses qui lui sont propres, que son analyse chimique n'explique pas d'une façon satisfaisante. Il est certain qu'à Vichy, les sources de l'Hôpital, de Chomel, de Grande-Grille sont loin d'être interchangeables; l'eau de l'Hôpital semble la moins excitante, tandis que la Grande-Grille provoque souvent chez les lithiasiques, dès les premières doses, une suractivité hépatique avec sensibilité douloureuse dans l'hypocondre droit et diarrhée polycholique; un pas de plus, et la crise de colique hépatique pourra survenir, incident recherché autrefois, et, comme nous l'avons vu, plutôt redouté aujourd'hui.

Cette dissemblance des actions physiologiques et thérapeutiques des différentes sources nous reste encore inexpliquée; ni l'écart minime des températures (44° Chomel, 41°,8 Grande-Grille) n'en rend compte, ni la radio-activité qui est la même, ni la teneur en gaz rares qui est sensiblement identique. Faut-il l'imputer au *fluor*, que Carles a trouvé particulièrement abondant dans la Grande-Grille, et dont la quantité de 18 milligrammes ne paraît atteinte dans aucune autre eau thermale?

Mais le fait thérapeutique est certain, la Grande-Grille est une source forte, *trop excitante* pour la plupart des malades, et qui, à mon avis, devrait être exclue du traitement de la cholélithiase. Quoi qu'il en soit, la clinique est là, qui juge en dernier ressort, et qui nous fait voir la complexité, la richesse, la variété des actions médicamenteuses que l'on peut obtenir à Vichy et à Carlsbad.

Entre ces deux stations, notre choix peut hésiter au point de vue théorique; en pratique, il est naturel que souvent, toutes choses égales d'ailleurs, nous donnions la préférence à notre grande station française de Vichy, si magnifiquement installée, et dont l'efficacité thérapeutique est indiscutée. Vichy est moins loin que Carlsbad, et le voyage, de moitié plus court, fatigue certainement moins nos malades de Paris. Et cependant, sur ce point, je me permettrai une critique : pour transporter nos clients à Vichy, on a créé des trains à grande vitesse, mais qui, à cause même de cette vitesse, secouent un peu trop les voyageurs; ce n'est pas cela qui convient à des malades dont la vésicule est souvent douloureuse et excitable, et ils auraient tout à gagner à ce que leur trajet se fît à des allures un peu plus lentes, mais plus douces et plus reposantes, train *de luxe* ne voulant pas dire train *de santé*, loin de là. D'autant qu'à peine arrivés, et sans vouloir jamais consentir à prendre un jour préalable de repos, les lithiasiques attaquent leur cure, aussi pressés de la commencer dès le premier jour que de la terminer à la date sacramentelle du vingt et unième! Il y aurait bien à dire sur ces rites traditionnels, plus conformes à la routine qu'à la bonne et méthodique direction du traitement hydro-minéral.

Il semble, sans vouloir comparer dans le détail les deux stations, que Vichy soit plus sédatif et moins excitant que Carlsbad, et par cela même mieux approprié à notre race nerveuse ; que Carlsbad provoque de plus fortes réactions, mais convienne particulièrement bien aux lithiasiques grands mangeurs et à gros ventres, et à coup sûr ce type clinique est plus fréquent en Allemagne qu'en France.

Parmi les stations bicarbonatées, trois autres au moins doivent être citées : Neuenahr, en Allemagne, station récente et en plein développement, mais de minéralisation moins active, et bicarbonatée à 2 grammes par litre ; Pougues, bicarbonatée calcique froide, très chargée en CO_2, mais dont l'action est plutôt gastrique et digestive qu'hépatique ; et Montecatini, en Italie.

L'observation clinique a montré depuis longtemps les effets bienfaisants des eaux alcalines chaudes dans le traitement de la lithiase biliaire. Sous leur influence, l'appétit renaît et les digestions deviennent meilleures, le poids corporel augmente, le subictère, quand il existe, diminue et le teint s'éclaircit, les malades se sentent dégagés et perdent la sensibilité douloureuse de leur hypocondre droit, enfin et surtout les crises de colique hépatique s'atténuent, s'éloignent, ou même disparaissent. La diminution de volume du foie, le retour à l'état normal d'une vésicule depuis longtemps turgescente et endolorie, complètent cet ensemble de symptômes favorables. La maladie semble enrayée et évolue vers la guérison au moins apparente.

Voilà ce que l'on voit, et pendant longtemps on s'en est tenu à ces constatations purement objectives.

Mais de nos jours, et sous l'influence des progrès mo-

dernes dus aux méthodes de la chimie biologique et de la
pathologie expérimentale, on s'est efforcé de faire un pas
de plus, d'aller au delà des apparences, et de chercher à
apprécier directement l'action des cures alcalines sur les
échanges, sur le métabolisme nutritif, sur les fonctions des
différents organes et en particulier du foie.

C'est d'abord à l'urologie et à l'examen des coefficients
urinaires que l'on s'est adressé. Mais je suis, pour ma
part, peu convaincu de la valeur de ces coefficients urinaires qui ne reposent que sur le rapport réciproque de
deux éléments dont aucun n'a de fixité; le régime alimentaire joue en pareil cas un rôle considérable, dont on n'a
pas toujours tenu un compte suffisant dans l'appréciation
des analyses d'urine. Cependant, avec un régime alimentaire dosé, Mauban a vu le *rapport azoturique* s'élever
sous l'influence de la médication alcaline.

De même, la *fonction glycogénique* du foie, examinée
systématiquement par Dufour, par Mauban, par Parturier,
tend à redevenir normale, et chez tel lithiasique donnant
une réaction positive à l'épreuve de la glycosurie alimentaire, Parturier a vu celle-ci devenir négative au quinzième
jour de la cure de Vichy.

Mais les résultats les plus complets et les plus intéressants ont été obtenus par MM. Biscons et Rouzaud, à
Vichy.

D'après M. Biscons[1], la cure de Vichy agit profondément sur la nutrition générale, comme en témoignent
l'augmentation des échanges respiratoires et du rapport

---

1. BISCONS. Modifications du coefficient d'imperfection uréogénique au cours du traitement hydro-minéral de Vichy. *Soc. de Biologie,* 16-30 novembre 1912.

azoturique, ainsi que l'abaissement du coefficient d'imperfection uréogénique.

Le taux de la cholémie ou, pour parler plus exactement, de la *bilirubinémie*, diminue, mais faiblement, et peut même augmenter en cas de poussée douloureuse et ictérigène au cours du traitement[1].

Enfin, et c'est là le point le plus important et le plus nouveau, MM. Biscons et Rouzaud[2] ont montré que, chez les lithiasiques hypercholestérinémiques, la cure de Vichy *abaisse le taux de la cholestérine sérique et le ramène à la normale*; le taux moyen global, d'après leurs observations, passe de 2 gr. 35 avant la cure à 1 gr. 58 quand celle-ci est terminée.

De même, dans leurs intéressantes recherches faites à Contrexéville, Schneider et A. Grigaut ont montré que chez les goutteux l'hypercholestérinémie, qui accompagne l'état hyperuricémique, se modifie assez rapidement pour revenir au taux normal sous l'influence de la cure thermale.

N'est-il pas très suggestif de constater pareil résultat, et ne semble-t-il pas qu'il y ait là un argument indirect, mais de haute valeur, en faveur des idées que nous avons soutenues et du rôle qui revient à l'hypercholestérinémie dans la pathogénie de la cholélithiase?

Ainsi, la cure alcaline chaude va très loin dans ses actions thérapeutiques; la sécrétion biliaire dans ses

1. Biscons et Rouzaud. Modifications de la cholémie observées au cours du traitement hydro-minéral à Vichy. *Hydrologica*, 1912, p. 41.

2. Biscons et Rouzaud. Variations de la cholestérinémie chez les hépatiques soumis au traitement hydro-minéral de Vichy. *Revue de Médecine*, 1913, p. 493.

apports quantitatifs et qualitatifs, l'état anatomique et les réactions sensitives des voies biliaires, enfin les mutations chimiques si complexes qui s'opèrent dans le protoplasma de la cellule hépatique, aussi bien que le métabolisme général, tout cela subit l'empreinte de la cure thermale et en atteste la profonde efficacité.

N'omettons pas de signaler que la cure de Vichy doit se compléter, autant que possible, par une période de repos à la montagne ou aux champs. Par contre, le séjour au bord de la mer, trop excitant, doit être déconseillé.

A côté des eaux alcalines chaudes, mais avec un degré certainement moins direct de spécialisation, il faut placer un autre groupe important, celui des stations à eaux *sulfatées calciques froides*, représentées par Contrexéville, Vittel, Martigny.

Leur action sur la sécrétion biliaire n'est pas douteuse : elles diluent la bile, et la rendent plus abondante, comme on a pu s'en assurer sur des opérés à fistule biliaire; elles provoquent de la diarrhée polycholique, et le fait est d'observation habituelle à Contrexéville, ou à Vittel; elles peuvent même, à hautes doses, avoir une action excito-motrice sur la vésicule, et provoquer des crises que l'on a longtemps considérées comme expulsives. La Source Salée de Vittel paraît avoir une action élective manifeste sur l'appareil biliaire.

Mais pour ces eaux sulfatées calciques froides, comme pour les alcalines chaudes, la pratique d'aujourd'hui s'est faite plus réservée, moins agressive, et c'est l'*action sédative* que, là aussi, nous recherchons.

Souvent, ces eaux très froides sont mieux supportées

quand on les fait légèrement tiédir, comme pour vérifier la vieille sentence de Celse : *Abstinendum est ab omnibus frigidis; neque enim res ulla jecur magis lædit.*

Nous trouverons donc, dans l'emploi de Vittel, de Contrexéville, d'Évian, une ressource thérapeutique qui peut être fort utile. Mais comment définirons-nous les indications relatives de ces différentes stations et de la cure alcaline chaude? Question délicate, et sur laquelle je ne puis apporter que les résultats de mon expérience personnelle.

Quand un cholélithiasique est envoyé à Vichy une série d'années de suite, il n'est pas rare que l'action hydro-minérale, très bienfaisante d'abord, semble ensuite s'épuiser et perdre peu à peu de son efficacité. Pour ces sujets, qui ne répondent plus à la cure alcaline chaude, changeons la médication, envoyons-les à Vittel par exemple, et souvent nous les verrons se trouver très bien de cette mutation thérapeutique.

L'indication sera encore plus nette pour les malades qui sont des *bilithiasiques*, calculeux biliaires et rénaux en même temps. Pour ceux-là Vichy, peu diurétique, ne conviendrait que médiocrement, tandis que Contrexéville ou Vittel sera doublement efficace et utile.

J'en dirai autant des sujets à *hypertension artérielle modérée*, et je ne parle que de ceux-là, car, chez les grands hypertendus, les cures minérales sont toujours chose délicate et un peu périlleuse à prescrire et à diriger. Il semble que Vichy tende plutôt à augmenter la pression artérielle, tandis que les eaux de lavage ont une action hypotensive manifeste. C'est donc vers Contrexéville, vers Vittel, vers Évian, que nous dirigerons nos lithiasiques à tendances hypertensives.

Ainsi la médication hydro-minérale de la cholélithiase doit, comme toute thérapeutique rationnelle, s'adapter aux cas particuliers, se modeler d'après les indications de la physiologie pathologique. Son importance se comprend d'autant mieux que la médecine thermale se fait plus scientifique et plus moderne. La pratique hydro-minérale ne doit pas s'immobiliser dans des formules tradition- nelles; elle a tout à gagner, pour ses progrès aussi bien que pour le bénéfice de nos malades, à se moderniser, à faire son profit de toutes nos méthodes actuelles de labo- ratoire. Nos stations doivent être moins des lieux de plaisir que des centres de guérison et de restauration de santé, des *health resorts*, suivant l'expression très juste qu'em- ploient les Anglais. La vie moderne exerce chaque jour sur nous tous son œuvre de destruction et de mort, et les cures thermales, bien choisies et bien adaptées, sont pour ainsi dire des *stations d'arrêt* sur la route de la maladie, un des plus puissants moyens de restauration organique dont nous disposions. La lithiase biliaire a toujours été et restera un de leurs meilleurs champs d'action thérapeu- tique.

CHAPITRE XIII

TRAITEMENT CHIRURGICAL
DE LA LITHIASE BILIAIRE

C'est une question toute moderne que celle du traitement chirurgical de la lithiase biliaire ; les hommes de ma
génération l'ont vu naître et évoluer, du jour où les progrès de l'antisepsie, puis de l'asepsie et de la technique
opératoire ont rendu possibles toutes les audaces de la
chirurgie viscérale. L'intervention chirurgicale, exceptionnelle d'abord au cours de la cholélithiase, s'est faite de plus
en plus fréquente, et pour certains opérateurs elle tend
presque à devenir la règle générale. Nous, médecins, nous
ne pouvons aborder cette grave question de pratique qu'au
point de vue des *indications*, laissant de côté tout ce qui
est d'ordre purement technique. Nous devons nous efforcer
d'éviter tout parti pris, et de définir les règles générales, les
directions de conduite, les raisons d'intervention ou d'abstention dont nous aurons à faire l'application dans chaque
cas particulier, étudié et raisonné au mieux de nos ressources cliniques actuelles.

Entre médecins et chirurgiens, sur ce point comme sur
tous les autres, il ne faut pas voir un terrain de lutte, mais

d'entente, d'étude commune, de collaboration active et amicale pour le plus grand bien ne nos malades.

Avant d'aborder l'étude analytique des indications et des résultats opératoires, il est peut-être bon de préciser quelques données générales.

Ai-je besoin de dire que toute prescription opératoire doit être précédée d'un examen complet du malade non seulement au point de vue des symptômes actuels que l'on constate, mais aussi pour tout ce qui peut nous renseigner sur la valeur fonctionnelle du *foie* et des *reins*. A ce titre, l'analyse des urines, l'épreuve de la glycosurie alimentaire que l'on peut avantageusement remplacer par le dosage de la glycémie, le dosage dans le sérum de l'azote uréique et de l'azote résiduel, ne devront pas être négligés. On tiendra également le plus grand compte de la tension artérielle, de l'examen radiologique du thorax, de l'auscultation des bases pulmonaires. Nous n'oublierons pas que la guérison d'un opéré ne dépend pas seulement de la technique opératoire, et qu'elle demande tout un ensemble de conditions organiques suffisantes. Faute de celles-ci, l'intervention la mieux conduite peut devenir néfaste, et nous pouvons voir mourir notre malade de toxémie hépatique avec une sécrétion biliaire qui ne se rétablit pas, d'oligurie et insuffisance rénale, de congestion pulmonaire.

La chirurgie biliaire est rarement une chirurgie d'urgence; il y aura donc toujours avantage à faire au préalable reposer notre malade, à le *préparer* par la diète lactée, par l'antisepsie biliaire.

De plus, il faut bien savoir qu'il s'agit ici d'interventions opératoires dont la technique est délicate et présente souvent difficultés et surprises ; elles ne doivent donc, à mon avis, être confiées qu'à des chirurgiens éprouvés et disposant de gardes expérimentées et habituées à soigner des cas de ce genre.

Il n'est que juste cependant d'ajouter que la chirurgie biliaire tend à devenir de moins en moins dangereuse, à mesure qu'elle se perfectionne dans ses techniques et s'étend dans ses indications. Tous les opérateurs qui ont publié de grandes statistiques ont insisté sur l'amélioration progressive de leurs résultats, d'autant plus notable que leur expérience devenait plus grande. Ainsi par exemple, les frères Mayo ont publié une statistique de 1 500 cas opérés par eux de 1891 à 1906 ; les 1 000 premiers cas ont donné une mortalité post-opératoire de 5 pour 100, alors que, pour les 500 derniers, celle-ci n'est plus que de 3,2 pour 100. On peut donc dire avec M. Quénu [1] que « les statistiques opératoires se sont améliorées à mesure que les chirurgiens ont acquis plus d'expérience, et surtout depuis qu'ils ont systématiquement adopté le drainage de l'hépato-cholédoque ». Ce progrès de la technique, le *drainage de l'hépatique* de Kehr, a, en effet, singulièrement modifié le pronostic opératoire des cas graves compliqués d'infection biliaire.

La substitution comme anesthésique de l'éther au chloroforme a été un autre très notable progrès, auquel sont attachés en France les noms de Gosset et de Quénu. Il est prouvé que le chloroforme est un poison très nocif pour le protoplasma des cellules hépatiques et rénales, et que c'est à sa toxicité que doivent être imputés les ictères post-opératoires, toujours graves et souvent mortels. L'éther est

---

1. E. QUÉNU. Des indications opératoires dans la lithiase biliaire, *Revue de Chirurgie*, 10 décembre 1908.

beaucoup mieux toléré, et de ce fait le pronostic des opérations hépatiques s'est sensiblement amélioré.

Cette marche ascendante de la chirurgie biliaire, ce perfectionnement incessant de ses méthodes et de ses résultats, est l'œuvre commune des chirurgiens contemporains, parmi lesquels, sans prétendre les citer tous, il faut faire une large place en France à Terrier, qui en a été chez nous l'initiateur persévérant, à Quénu, à Hartmann, à Tuffier, à Lejars, à Gosset; en Allemagne à Riedel, à Kehr, à Körte; en Angleterre à Mayo Robson, à Moynihan; aux États-Unis aux frères Mayo. C'est grâce à ce grand effort collectif que la chirurgie biliaire est devenue ce qu'elle est aujourd'hui, un des plus beaux chapitres de la chirurgie viscérale. Mais quel doit être le domaine de cette chirurgie biliaire, et quelle part peut-elle revendiquer dans le traitement de la cholélithiase?

A en croire certains chirurgiens, *tous* les cas de lithiase biliaire doivent être opérés. L'intervention au stade vésiculaire de la maladie est sans danger; opérons donc nos malades avant les accidents de migration, avant l'époque des complications, nous les guérirons ainsi d'emblée, au lieu de les laisser exposés à tous les risques de l'avenir. La plupart des chirurgiens américains adoptent cette doctrine, et préconisent l'opération précoce dès que le diagnostic de lithiase biliaire est posé. Tel est le raisonnement, et j'avoue que je le trouve excessif. Sans doute, la mortalité des opérations au stade vésiculaire est très faible et ne semble pas dépasser 1 à 2 pour 100. C'est fort peu, assurément, pour une intervention viscérale, mais je trouve que c'est *beaucoup* comparé à la mortalité de nos malades atteints d'une simple colique hépatique. En est-il 1 à 2 pour 100 qui meurent ultérieurement par le fait de leur seule lithiase ? C'est ce qui ne me paraît ni démontré ni probable. Et combien d'années de survie aura-t-on retirées à cet opéré malchanceux, atteint d'une maladie encore si peu grave ? Et cependant, on est allé encore plus loin, et non seulement on a proposé d'opérer tous les cas de colique hépatique, mais même Moynihan, poussant les choses à l'extrême, fait entrer dans les indications opératoires les cas *frustes*, décelés par de simples troubles digestifs ou de fausses gastralgies.

Tout cela me semble très exagéré, et même l'exemple de l'appendicite, toujours allégué en pareil cas, ne me convainc pas. Sans doute les analogies cliniques les plus évidentes relient entre elles ces deux grandes infections diverticulaires, l'appendicite et la cholécystite. Mais cependant quel est le médecin qui voudrait considérer comme comparables en gravité présente et future une première colique hépatique et une première crise appendiculaire ? Mettons donc chaque chose à son plan, et n'oublions pas que la lithiase biliaire, une de nos maladies les plus communes, ne comporte dans la grande majorité des cas qu'un pronostic bénin, et que si un jour elle s'aggrave et nécessite le recours chirurgical, c'est affaire à nous de ne pas nous laisser surprendre par les événements. Il ne faut *ni opérer tout, ni opérer trop tard*, et notre devoir médical consiste précisément dans la discussion et l'appréciation raisonnée des déterminations que nous pouvons avoir à conseiller.

Les lithiasiques à opérer peuvent cliniquement se répartir en trois groupes : *les infectés — les douloureux — les ictériques chroniques*. Nous connaissons déjà ces trois

aspects de la cholélithiase, il nous reste à voir dans quelles
limites ils rendent nécessaire l'acte chirurgical.

1° *Les infectés.* — L'infection biliaire des lithiasiques
peut se présenter sous deux formes, suivant qu'il s'agit
d'*angiocholite* ou d'*angio-cholécystite*, et je ne reviens pas
sur les signes cliniques qui permettent de différencier les
deux variétés. Au point de vue de l'intervention chirurgicale et de ses résultats, les cas avec cholécystite semblent
les moins mauvais.

Quand les accidents sont suraigus et graves d'emblée,
toute temporisation médicale serait néfaste, et l'on peut
être dans la nécessité, toujours fâcheuse, d'opérer *à chaud*,
à moins que d'autres déterminations infectieuses, telles
qu'une endocardite septique, une broncho-pneumonie, ne
rendent toute intervention illusoire. A part ces contre-indications, on comprend que le seul traitement efficace possible d'une cholécystite phlegmoneuse, gangreneuse ou
perforante soit d'ordre chirurgical.

Mais ce sont là des éventualités relativement rares, et
beaucoup plus souvent nous avons à traiter des *cas mania-
bles* que l'on peut *refroidir* par un traitement dont nous
connaissons la formule : *diète hydrique, glace en permanence sur la région vésiculaire, urotropine à la dose d'au
moins 1 gr. 50 par jour.*

Cette médication donne parfois des résultats inespérés,
et on est étonné de voir rétrocéder certaines vésicules
grosses et douloureuses, dans la cholécystite lithiasique ou
post-typhique, d'assister à la disparition parfois presque
immédiate des accès fébriles.

Une femme de 38 ans était atteinte depuis cinq ans de

crises de colique hépatique. En juillet 1910 apparaissent des accès fébriles, d'abord très espacés, puis plus fréquents accompagnés ou non de frissons; pas d'ictère, mais urobilinurie notable et légère douleur à la pression de la région vésiculaire.

En février 1911, les accès fébriles deviennent très fréquents se répètent presque tous les deux jours, et montent deux fois à 40°, souvent à 39°. En mars, les accès sont un peu moins fréquents et plus irréguliers. Je vois la malade le 3 avril, au lendemain d'un accès fébrile, et conseille un traitement par l'urotropine à la dose de 1 gr. 50 par jour. Les accès fébriles disparaissent immédiatement, et un mois plus tard il ne s'en était pas reproduit; le foie débordait encore légèrement les fausses côtes, mais la sensibilité vésiculaire était à peu près complètement éteinte.

Voilà le cas type, celui qui montre ce qu'on peut espérer du traitement médical, sans compter cependant que le résultat sera toujours aussi beau.

Mais même dans ces cas heureux, et quand on a eu la bonne fortune d'enrayer médicalement les accidents infectieux, il ne faut pas laisser le malade exposé à des rechutes qui pourraient se moins bien terminer, et l'opération que l'on a pu éviter *à chaud*, il faut donner le conseil formel de la faire pratiquer *à froid*, c'est-à-dire dans des conditions de gravité beaucoup moins inquiétantes.

Malheureusement c'est là un conseil qui n'est pas toujours accepté, et je n'en veux pour preuve que la triste histoire d'une malade que, par le traitement que je vous ai indiqué, j'avais réussi à guérir d'une angio-cholécystite calculeuse des plus graves. Je lui avais absolument conseillé de se faire opérer; mais elle se croyait guérie et le resta en effet pendant près de dix-huit mois. A ce moment elle revint me trouver, atteinte depuis dix jours d'accidents fébriles nouveaux, et dans un état tel qu'une intervention d'urgence me parut nécessaire. Il fallut encore plus de dix jours pour que celle-ci fût acceptée, et quand la malade se laissa opérer, il était trop tard, et l'ablation d'un volumineux calcul avec drainage d'une vésicule suppurée ne put empêcher une mort rapide.

Je crois donc que si nous devons éviter, dans les limites du possible, les opérations à chaud, pratiquées en pleine virulence infectieuse, il n'est pas moins nécessaire de conseiller l'intervention chirurgicale au décours de toute crise grave d'angiocholite ou de cholécystite calculeuse.

La constatation d'une *infection appendiculaire* associée à la cholécystite me paraît également une indication opératoire formelle.

Mais tout cela à condition qu'aucune contre-indication d'ordre général n'arrête le chirurgien, et nous verrons plus tard quelles peuvent être les principales raisons cliniques d'abstention.

Dans ces cas défavorables, le traitement médical reste notre seule ressource, et nous voyons donc quel rôle important il mérite de jouer dans les lithiases infectées, soit qu'il précède et prépare l'acte chirurgical, soit que, par nécessité, il le remplace.

Le traitement médical des infections biliaires graves peut-il bénéficier des méthodes modernes de vaccino et sérothérapies? Il semble que l'on ne puisse trouver là que des ressources d'exception, applicables surtout aux cas où une hémoculture positive permet d'obtenir un auto-vaccin. Quand au contraire la nature de l'agent pathogène n'a pu être précisée, les vaccins polyvalents, à base de pyogènes, colibacille et perfringens, pourront être essayés. Mais en aucun cas les méthodes bactériothérapiques ne doivent être considérées comme se substituant, dans les cas graves, à l'acte chirurgical, et il ne faut leur demander, quand leur emploi est possible, qu'une atténuation plus ou moins complète des accidents infectieux, permettant d'opérer ensuite dans de meilleures conditions.

Sur les méthodes et techniques de ces interventions chirurgicales je ne puis insister et me contente de dire combien il est important, chez les lithiasiques infectés, d'établir un *drainage prolongé* des voies biliaires, et, autant que possible, de conserver la vésicule.

2° *Les douloureux.* — Dans quelles limites les manifestations douloureuses de la cholélithiase peuvent-elles nécessiter une intervention opératoire?

Sans doute, nous avons vu que tout lithiasique qui souffre, qui a ou a eu une ou plusieurs coliques hépatiques, n'est pas par cela seul justiciable de la chirurgie ; mais il peut le devenir, et dans des conditions qu'il nous faut essayer de définir.

Au cours même de la colique hépatique, l'indication opératoire est exceptionnelle ; elle pourrait cependant devenir légitime si la crise douloureuse se prolongeait, se répétait sans issue, faisait craindre une rupture vésiculaire ou un épuisement nerveux inquiétant. L'application de la vessie de glace enraye souvent la série des réactions douloureuses, et c'est elle qu'il faut mettre en œuvre dans ces coliques hépatiques subintrantes qui correspondent le plus souvent au coincement d'un calcul dans le cystique Mais si tout échouait, morphine et glace, une intervention d'urgence deviendrait la ressource suprême.

Si ces cas se rencontrent assez rarement, il est au contraire fréquent de voir les crises, tout en restant séparées par des intervalles d'accalmie, se répéter sans cesse, soit à l'état de simples coliques hépatiques, soit avec les symptômes caractéristiques des cholécystites chroniques. On a beau mettre les malades au repos, restreindre leur régime, recourir aux diverses médications internes et externes, ils continuent à souffrir, ne mangent plus par crainte des crises, perdent du poids, s'affaiblissent de plus en plus, souvent sont pris de fièvre, et la situation devient telle que même les malades les plus réfractaires à la chirurgie arrivent à en réclamer le secours. L'excès de la douleur ou son retour incessant, parfois aussi le prurit chronique dont ils peuvent être atteints, voilà donc des raisons très valables d'intervention et qui peuvent faire de celle-ci une nécessité. J'ajoute qu'à mon avis il ne faut pas attendre si tard, et du jour où il m'est démontré cliniquement que les crises douloureuses résistent à un traitement médical méthodique, je n'hésite pas à conseiller l'intervention opératoire.

3° **Les ictériques chroniques.** — L'ictère aigu, passager, qui succède pendant peu de jours à une colique hépatique ne relève que de la médecine. Mais il en va tout autrement si l'ictère s'installe, devient *chronique*, et s'accompagne de décoloration fécale plus ou moins complète avec cholurie. Dès lors, on est en droit de penser que la lithiase est *cholédocienne*, et un tel diagnostic commande à mon avis l'acte chirurgical, même si la lithiase du cholédoque évolue avec un ictère léger, variable, pouvant même être nul comme nous l'avons vu.

Mais la plupart du temps le diagnostic de calcul du cholédoque ne s'affirme pas d'emblée, et il ne se précise qu'après une observation assez prolongée du malade. Quel sera donc le moment de choix pour conseiller l'intervention? Celui où nous nous considérons comme *à peu près sûrs* du diagnostic, et où, en même temps, notre malade n'aura pas encore trop souffert dans sa santé générale.

Rappelons que la lithiase du cholédoque est chose toujours grave, et que *la balance et le thermomètre* sont ici nos plus sûrs moyens de contrôle. La perte progressive du poids, l'apparition des accès fébriles montrent que la tolérance relative des premiers temps va cesser et que la période des accidents est proche. Attendre plus longtemps n'offre que des chances minimes de guérison spontanée, et aggrave singulièrement le pronostic opératoire.

C'est ce que montre bien la statistique des Mayo : la mortalité n'est que 2,9 pour 100 dans les lithiases cholédociennes peu ou pas infectées, elle monte à 16 pour 100 quand l'infection biliaire est en pleine évolution, à 34 pour 100 dans les obstructions complètes et compliquées du cholédoque.

Il faut donc, sans hésiter, conseiller l'intervention relativement précoce dans la lithiase du cholédoque, sans qu'il soit possible de préciser d'une façon générale le délai nécessaire. S'il me fallait proposer une formule, mais simplement à titre d'exemple et toutes réserves faites pour les cas particuliers, je dirais : *pas moins d'un mois*, ce qui me paraît la durée d'observation habituellement nécessaire pour poser le diagnostic, et *pas plus de trois mois*, limites moyennes de la période de tolérance relative.

L'évolution de la lithiase cholédocienne peut assurément être beaucoup plus prolongée. Ainsi un de nos malades n'est entré dans nos salles que très tardivement, alors que ses crises douloureuses remontaient à deux ans et demi, et qu'il était atteint d'ictère chronique depuis deux ans, sans fièvre du reste, et ayant conservé assez bonne apparence, bien que son poids fût tombé de 100 kilogrammes à 63 kilogrammes. L'opération, faite ainsi beaucoup trop tardivement, fit retirer du cholédoque un calcul solitaire, allongé, de la forme et du volume d'une olive, et malheureusement la mort survint au troisième jour par hémorragie abdominale.

N'oublions donc jamais qu'en matière de chirurgie biliaire l'opération trop tardive est le grand danger, et que les résultats changent du tout au tout suivant que l'on opère en temps voulu ou non, sur des cas simples ou sur des cas compliqués. Rendant compte en 1912 de vingt ans de chirurgie biliaire, Kehr donne la statistique suivante : sur 1229 cas non compliqués, 37 morts, soit 3 pour 100 ; sur 637 cas compliqués, 277 morts, soit 43,5 pour 100. De ces chiffres si convaincants, Kehr ne tire pas cependant de conclusions exagérées, il reconnaît la large place qui doit être réservée au traitement médical, et n'est pas de ceux qui sont opérateurs quand même et toujours. Les idées très sages qu'il soutient sont du reste celles qu'a toujours défendues l'école française, et que pour ma part je partage sans réserves.

Il reste une dernière éventualité dont nous devons tenir compte quand nous avons à apprécier l'opportunité d'une cholécystectomie, c'est ce fait que la cholécystite chronique est trop souvent le chemin qui conduit au *cancer de la vésicule*. Rien de plus significatif que les chiffres qui ont été cités et qui montrent que le cancer vésiculaire s'accompagne de calculs dans 85 pour 100 des cas d'après Zenker, dans 95 pour 100 d'après Siegert, d'après Courvoisier dans 74 cas sur 84 cancers primitifs de la vésicule. Eh bien, de tels faits ont une valeur singulièrement inquiétante, et permettent de dire qu'enlever à un malade une vésicule chroniquement enflammée, c'est non seulement le guérir pour l'heure présente, mais aussi le mettre à l'abri d'une dégénérescence secondaire qui ne pardonne pas et contre laquelle la chirurgie ne compte guère de succès.

Ajoutons, comme dernière indication opératoire, les cas où la radiographie montre la présence de calculs vésiculaires ou cholédociens. Cette visibilité constatée ne change évidemment rien à la situation clinique préexistante, mais elle conduit souvent le malade à demander ou à accepter le secours des chirurgiens.

Voilà donc bien des raisons qui nous montrent l'opportunité, et souvent même la nécessité de recourir au traitement opératoire de la cholélithiase. Et voici maintenant les contre-indications. Nous les connaissons déjà: c'est l'âge trop avancé des sujets, bien que même des vieillards puissent guérir sans encombre; le malade le plus âgé à qui j'ai eu à faire enlever la vésicule avait soixante et onze ans, et les suites de l'opération ont été excellentes; c'est l'artério-sclérose, avec ses troubles associés d'hypertension artérielle et, souvent, de néphro-sclérose; c'est le grand emphysème et la bronchite chronique; c'est enfin l'obésité, si commune chez les femmes lithiasiques, et qui rend l'opération beaucoup plus longue et plus laborieuse, plus dangereuse aussi à cause de la valeur fonctionnelle médiocre d'un cœur gras, et de reins facilement insuffisants. Tous ces malades sont les *indésirables* de la chirurgie, de ceux pour lesquels l'opération est un pis aller auquel on ne se résigne que sous le coup de la nécessité.

Voici donc notre décision prise, et, pour telle ou telle raison, nous avons estimé que l'heure était venue du secours chirurgical; qu'il me soit permis de donner un double conseil de prudence, l'un qui nous concerne, l'autre qui envisage les intérêts futurs du malade.

Mon maître Brouardel répétait volontiers que le premier devoir d'un médecin légiste est « de n'en pas dire plus qu'il n'en sait ». D'une aussi sage formule le praticien doit faire son profit. Soyons donc très prudents pour ce que nous annonçons, et ne promettons pas l'ablation de calculs plus ou moins volumineux ou nombreux, alors qu'en réalité nous n'en savons rien, et que l'opération peut très bien ne faire trouver qu'une inflammation chronique d'une vésicule *déshabitée*. La chirurgie biliaire est une chirurgie « à surprises »; ne l'oublions pas, ce sera le meilleur moyen de ne pas dépasser les limites de ce que nous pouvons affirmer, et d'éviter à nos malades et à nous mêmes ce qui pourrait être une déception désobligeante.

D'autre part, sachons et disons que la chirurgie peut *guérir le malade*, mais qu'elle *ne guérit pas la maladie*; elle supprime la cause anatomique des accidents, calculs, cholécyste, cholécyscite aiguë ou chronique, mais le malade opéré n'en reste pas moins un sujet à nutrition troublée, qui a déjà concrété dans ses voies biliaires cholestérine ou pigments et qui, par la suite, peut recommencer même processus. Il doit donc ne pas ignorer qu'après son opération les mêmes directions de régime et d'hygiène générale doivent lui être continuées.

Un tel conseil est d'autant plus utile à lui donner que, trop souvent, la chirurgie biliaire a des *lendemains* douloureux. Un malade a été opéré avec plein succès, il se croit guéri, et voilà que quelques mois après l'intervention il recommence à souffrir, est repris de crises très analogues à celles dont il se croyait délivré. Quelle déception, surtout si on est conduit à lui proposer une nouvelle opération! Je pourrais citer telle de mes malades qui, en peu d'années, a été opérée trois fois; d'abord ablation d'une vésicule calculeuse, puis libération d'adhérences péribiliaires, et enfin ablation d'un nouveau calcul reformé.

C'est donc une grosse question que celle des *récidives douloureuses* après le traitement chirurgical de la cholélithiase, et il semble qu'elles puissent relever de plusieurs pathogénies.

Dans les cas les moins graves, il s'agit de simples troubles de la canalisation biliaire, passagers, sans gravité réelle; les malades ont une ou plusieurs fausses coliques hépatiques, sans fièvre, sans ictère, puis les crises douloureuses s'espacent, disparaissent, et la guérison définitive est obtenue.

S'il s'agit d'adhérences, les crises peuvent se répéter et une intervention peut devenir nécessaire, au cours de laquelle la présence d'aucun calcul n'est constatée.

Restent enfin les cas où l'opération secondaire permet l'ablation de calculs. Quelle est la provenance de ceux-ci?

D'après S. Mintz, il peut y avoir des *récidives vraies,*

des formations nouvelles de cholélithes, en général assez tardives, après plusieurs mois ou une ou plusieurs années, et pouvant avoir pour axe de cristallisation un fil de suture, comme dans les faits bien connus de Kehr, de Florken. Des faits de ce genre sont assez rares, et Körte sur 361 opérations n'a compté que 7 récidives, dont 6 après cholécystotomie et 1 seulement après cholécystectomie.

Beaucoup plus fréquents sont les cas où la récidive clinique a pour cause la présence de calculs *inaperçus* par le chirurgien au moment de l'opération. Ceux-ci peuvent descendre des hépatiques, ou même de plus haut, des voies biliaires intra-hépatiques, et l'on sait combien il est fréquent, dans l'examen histologique des foies de lithiase avec ictère chronique, de constater l'existence de petits calculs en miniature dans les canaux biliaires de petit calibre. Le drainage de l'hépato-cholédoque est, à ce point de vue, une excellente sauvegarde, et il n'est pas exceptionnel de trouver de petits calculs dans le pansement quelques jours après l'intervention.

Si la vésicule a été conservée, c'est de ses parois elles-mêmes que peuvent provenir les calculs secondaires, *intra-pariétaux* d'abord et développés dans les canaux de Luschka, puis devenus libres dans la cavité vésiculaire. Il est certain, en tout cas, que la cholécystectomie expose beaucoup moins que la simple ouverture de la vésicule aux récidives secondaires.

Enfin, la manière dont les voies biliaires ont été explorées au cours de l'opération est de grande importance, et les chances de laisser des calculs inaperçus sont d'autant plus faibles que le chirurgien a une plus longue expérience. A cet égard, les *calculs à facettes* sont particulièrement périlleux, de par leur multiplicité souvent énorme, et la variabilité de leurs dimensions. Bien des fois déjà, au cours de ces études cliniques, nous avons eu à relever le caractère particulièrement nocif de ce type spécial de cholélithiase.

En général, quand il s'agit de calculs oubliés, les accidents se développent au bout de peu de semaines, dans les deux à trois mois tout au plus, et dans des délais beaucoup plus courts que les néoformations secondaires de cholélithes.

Quant à la *fréquence* de ces réitérations d'accidents postopératoires, elle est loin d'être négligeable. Voici deux statistiques de Deaver et Reimann[1] sur les réopérations pour calculs biliaires. Dans une première statistique antérieure à 1916 et portant sur plus de 1000 interventions sur la vésicule ou les canaux biliaires, le pourcentage des réopérations est de 4,07 pour 100. Dans une statistique plus récente de 800 cas, la proportion des réopérations atteint 8,5 pour 100.

Il est une dernière question, souvent posée au médecin par le malade que l'on engage à se faire opérer, et qu'il me paraît intéressant d'examiner. Très souvent dans les interventions actuelles la vésicule est enlevée. Quelles seront les suites de cette exérèse, et la vésicule est-elle un organe dont on puisse sans inconvénient être privé? A vrai dire, l'expérience clinique a maintenant répondu, et nous savons par l'observation de bien des opérés que la cholécystectomie n'entraîne aucun trouble consécutif; souvent même les fonctions digestives s'améliorent, et,

---

1. J. B. Deaver et J. P. Reimann. Operations and reoperations for gall stones. *The Journ. of the Medical Assoc.*, 17 avril 1920.

comme je l'ai constaté plusieurs fois, un état antérieur de constipation disparaît.

C'est qu'en effet la suppression de la vésicule ne tarde pas à être *compensée* par un mécanisme que les recherches récentes de Delore et Cotte[1] ont précisé. Les voies biliaires se dilatent et permettent à la bile, sécrétée d'une façon continue, de n'être évacuée que par intermittences, au moment où interviennent les réflexes chimiques duodénaux si bien étudiés par Pawlow. Si l'ablation vésiculaire a laissé en place un moignon cystique suffisant, celui-ci se dilate et arrive à reconstituer une sorte de nouvelle vésicule. Si cette néoformation diverticulaire ne peut se produire, le cholédoque et les canaux hépatiques se distendent, sans que cette dilatation se continue jusque dans le parenchyme du foie..

Il semble donc bien que l'ablation de la vésicule ne comporte par elle-même aucun risque spécial de troubles intestinaux ou hépatiques, et les critiques récentes faites sur ce point par F. Rost, d'après ses expériences sur le chien, me paraissent peu fondées.

Par contre, le fait que la bile tend à se recréer un réservoir d'emmagasinement après la cholécystectomie montre que cette dernière opération peut bien diminuer les chances de récidive calculeuse, mais n'en supprime pas la possibilité, et c'est une raison de plus pour toujours rappeler au lithiasique opéré qu'il reste justiciable du régime et de la surveillance médicale.

Comme dernières conclusions de ces études cliniques

---

1. X. Delorre et G. Cotte. Remarques sur l'excrétion de la bile à l'état normal et après la cholécystectomie. *Revue de Chirurgie*, juillet 1911, p. 33.

sur la lithiase biliaire je voudrais laisser la conviction de
l'importance de notre rôle médical dans la surveillance et
le traitement de cette si fréquente maladie. Au cours de
toutes les formes de la cholélithiase, si nombreuses et si
variées, bénignes ou graves, médicales ou à opérer, nous
pouvons beaucoup pour le soulagement ou la guérison de
nos malades, mais à condition de n'avoir aucun parti pris,
de ne nous inspirer que de l'étude minutieuse des cas particuliers, de mettre en œuvre tous nos éléments cliniques
d'information, thermomètre, balance, analyses chimiques
écran radiologique, hématologie, pour ensuite faire la synthèse du tout, et demander au jugement médical nos raisons définitives de décision et d'action.

87 140. — Imprimerie Lahure, 9, rue de Fleurus, 9, à Paris.

LAEDERICH. *Actinomycose. Aspergillose.*
LANGERON. *Oosporoses. Mycétomes. Sporothrichoses. Blasto-mycoses.*
BRUMPT. *Spirochétoses en général.*
NICOLAS. *Syphilis.*

FASCICULE VI

H. ROGER. *Intoxications en général.*
PINARD. *Saturnisme. Intoxications par le cuivre, l'étain, le zinc.*
BALTHAZARD. *Phosphorisme. Arsenicisme. Hydrargyrisme. Intoxications par l'oxyde de carbone, le gaz d'éclairage, l'hydrogène sulfuré, le sulfate de carbone, les hydrocarbures.*
CLERC et L. RAMOND. *Intoxications par les gaz de guerre.*
TRIBOULET et MIGNOT. *Alcoolisme.*
RÉNON. *Caféisme et théisme.*
DUPRÉ et J.-B. LOGRE. *Intoxications par l'opium et ses dérivés, la cocaïne, le chanvre indien, l'éther.*
RÉNON. *Tabagisme.*
THIBAUT. *Intoxications diverses.*
SACQUÉPÉE. *Intoxications alimentaires.*
LANGERON. *Intoxications par les champignons.*
RÉNON. *Intoxications par le Kawa.*
GARNIER. *Intoxications par l'acide picrique.*

FASCICULE VII

G.-H. ROGER. *Vitamines et Avitaminoses.*
E.-P. BENOIT. *Scorbut.*
G. ARAOZ ALFARO. *Scorbut infantile.*
ALDO PERRONCITO. *La Pellagre.*
E. SACQUÉPÉE. *Béribéri.*
A. CALMETTE. *L'Intoxication par les venins; la sérothérapie.*
PH. PAGNIEZ. *Maladies déterminées par l'Anaphylaxie.*
PAUL COURMONT. *Maladie Sérique.*
J.-P. LANGLOIS et LÉON BINET. *Maladies par agents physiques.*
PAUL LE GENDRE. *Troubles et maladies de la nutrition.*

MASSON ET C¹⁰, ÉDITEURS

M. DIDE et P. GUIRAUD

Médecins de l'Assistance d'aliénés de Braqueville.

Psychiatrie

du

Médecin praticien

DE LA « COLLECTION DU MÉDECIN PRATICIEN »

1 *volume de* 416 *pages in-8°, avec* 8 *planches hors texte.* . **20** fr. <u>net</u>

Cette psychiatrie sera lue par les psychiâtres en raison de la personnalité des auteurs. Elle ne leur est cependant pas destinée : c'est, comme les premiers volumes de la même collection, un livre qui s'adresse au médecin praticien *non-spécialiste*.

Mais en matière de médecine mentale, le fait d'écrire pour des non-initiés se présentait autrement que pour les autres branches spécialisées de la médecine ; la part de la description clinique devait être plus grande et en même temps il fallait un effort important pour objectiver *l'exposé* des doctrines. Nous croyons cependant que l'ambition des auteurs a été réalisée : prendre *d'après nature* des croquis cliniques assez bien choisis pour servir de type ; établir entre eux de larges catégories aussi homogènes que possible, permettant au praticien de procéder du complexe au simple, déterminer pour chacune de ces formes les bases organiques ou mentales d'où le trouble est issu et sur lesquelles il faudra agir ; enfin, et surtout, dire au médecin ce que *pratiquement* il devra faire dans chaque cas précis.

===== *MASSON ET Cie, ÉDITEURS* =====

G. MARION

Professeur agrégé à la Faculté de Médecine de Paris.
Chirurgien du service Civiale (Hòpital Lariboisière).

Traité d'Urologie

2 vol. grand in-8 formant ensemble 1o5o pages, avec 418 figures en noir et en couleurs dans le texte et 15 planches hors texte en couleurs formant 81 figures. Reliés toile. . **120 fr. net**

Tout ouvrage traitant d'une spécialité est nécessairement *médico-chirurgical*. Mais l'Urologie est de tous les domaines de la médecine celui où les activités parallèles ou convergentes du Médecin et du Chirurgien sont le plus directement intéressées. Le livre du Dr Marion se présente comme un *Traité complet d'Urologie* et embrasse à la fois la description clinique des maladies, les procédés d'examen, d'exploration et de diagnostic, l'anatomie pathologique, enfin et surtout le traitement médical et la technique de l'intervention chirurgicale ; c'est dire qu'il s'adresse non pas seulement au spécialiste des maladies des voies urinaires, qui, tout le premier, ne pourra se dispenser d'y recourir pour améliorer, élargir ou affirmer sa technique, mais encore à tout médecin qui veut éclairer ou enrichir sa pratique de toutes les connaissances qui dans le domaine restreint d'une spécialité évoluent si vite et gagnent chaque jour en précision, en sécurité et en efficacité.

Le livre du Dr Marion se devait de posséder une illustration parfaite : celle-ci, sauf quelques figures en couleurs d'anatomie classique empruntées à Albarran et qui ne sauraient être surpassées, en dehors de quelques images urétro-cystoscopiques des Drs Demonchy et Henry, est entièrement originale : elle a été exécutée sous la direction effective de l'auteur. L'effort iconographique a été favorisé d'une impression impeccable, en noir et en couleurs, sur beau papier.

F. LEJARS

Traité de

Chirurgie d'Urgence

HUITIÈME ÉDITION

*1 vol. de 1120 pages, grand in-8°, avec 1100 figures dans le texte,
en noir et en couleurs, et 20 planches hors texte en deux tons*

Broché, sous couverture forte. . . . . **75 fr. net**

*Édition de luxe sur beau papier couché, relié toile
pleine, fers spéciaux, en deux volumes.* . . . . . . **90 fr. net**

C'EST la *huitième édition* du *Traité de Chirurgie d'Urgence* qui reparaît en librairie. A ces éditions il convient d'en ajouter six en langues étrangères souvent rééditées d'ailleurs. En raison des enseignements de toute nature que les dernières années ont apportés, un tel livre ne pouvait être publié de nouveau que profondément remanié pour être digne de la carrière exceptionnelle qu'il a déjà parcourue.

Tous les chapitres de cette huitième édition ont été revus, élagués, précisés, d'après l'expérience acquise et les données nouvelles. L'auteur applique à la chirurgie du temps de paix les enseignements de la guerre, en particulier, pour le *traitement des plaies viscérales, — des plaies des parties molles, — des grands écrasements, — pour le traitement des hémorragies, — la technique des ligatures,* — pour le *traitement des fractures,* — les indications et le mode d'emploi de tant d'appareils récents, qui devraient rester dans la pratique courante.

Georges **GÉRARD**

Agrégé des Facultés de Médecine.
Professeur d'Anatomie à l'Université de Lille.

Manuel
d'Anatomie Humaine

DEUXIÈME ÉDITION

1 *vol. in-8 de 1275 pages, avec 1025 figures en noir et en
couleurs et 4 planches en couleurs* . . . . . . **75 fr. net**

Cᴇ manuel destiné principalement aux étudiants en médecine
est publié, comme dans la première édition, *en un seul
volume* et résume toute l'Anatomie du corps humain suffisante
et nécessaire. Dans ce but, à côté de la description du cadavre,
l'Auteur s'est attaché dans tous les points où ils pouvaient
éclaircir l'anatomie du vivant à recourir aux documents de la
clinique tant spéciale que générale, en risquant quelques aperçus
pratiques en relation avec elle.

La précision du texte, sa concision, en même temps que sa
clarté permettent aux étudiants de revoir rapidement une question
et de trouver sans perte de temps un détail, un rapport anatomique.

Dans cette Deuxième Édition l'Auteur a conservé intégralement
le plan général de la première, plan qui avait été pour une grande
partie dans le succès de l'ouvrage, mais différentes parties ont
été retouchées dans leurs plus minutieux détails au double
point de vue du texte et de l'illustration.

L. LANDOUZY   *Léon BERNARD*

Éléments d'Anatomie

et de Physiologie Médicales

DEUXIÈME ÉDITION PUBLIÉE SOUS LA DIRECTION DE

Léon BERNARD

Professeur à la Faculté de Médecine de l'Université de Paris.

PAR MM.

LÉON BERNARD, GOUGEROT,
HALBRON, S. I. DE JONG, LAEDERICH, LORTAT-JACOB,
SALOMON, SÉZARY, VITRY

1 *vol. de* 867 *pages avec* 337 *fig. et* 4 *pl. en couleurs.*   **50 fr. net**

Jusqu'à l'apparition des *Éléments d'Anatomie* et de *Physio-logie médicales* en 1913, l'*Anatomie médicale* n'avait jamais été traitée dans un ouvrage spécial. Ce livre répondait à un tel besoin qu'en pleine guerre, dès 1915, il était épuisé.

Ces éléments d'Anatomie et de Physiologie médicales rassemblent pour l'étudiant des données éparses dans les ouvrages traitant de diverses branches des sciences médicales. Ils réunissent suivant une méthode clinique dans un enseignement particulier toutes les notions fondamentales d'Anatomie et de Physiologie susceptibles, par leur application immédiate à la pathologie, d'éclairer le médecin sur le mécanisme des troubles fonctionnels comme sur les symptômes qui les révèlent.

Bien que depuis quelques années on n'ait eu à enregistrer d'importantes notions nouvelles d'anatomie et de physiologie, cette nouvelle édition entièrement revue a subi plusieurs modifications.

ARMAND-DELILLE et NÈGRE

Techniques du Diagnostic par la Méthode de Déviation du Complément

Avec utilisation spéciale de la méthode de Calmette et Massol

2ᵉ Édition refondue.

I *volume in-8 de 200 pages*. . . . . **9 fr. net**

CE manuel est destiné non seulement à indiquer les dispositions générales de l'expérience et les doses à employer pour obtenir les réactions que nécessite la méthode de déviation du complément, mais à donner en même temps le détail des procédés de récolte et de conservation des différents éléments de la réaction ; aussi bien qu'une série de recettes de manipulations qui permettent d'éviter nombre de causes d'erreur.

M. BRULÉ

Ancien Interne des Hôpitaux.
Chef de Laboratoire à la Faculté de Médecine.

Recherches

sur les Ictères

I *vol. in-8 de 280 pages. 3ᵉ édition*. . . . . **9 fr. net**

LE Dʳ Brulé a cherché à justifier l'intérêt qu'on a porté à cet ouvrage en tenant successivement les nouvelles éditions au courant des principales recherches qui ont été effectuées récemment sur les ictères, tant en France qu'à l'étranger. Aussi bien ces faits nouveaux sont-ils signalés dans cette troisième édition, qui contient 100 pages de plus que la première.

R. LUTEMBACHER

Les nouvelles Méthodes
d'Examen du Cœur

en Clinique

1 *vol. de* 186 *pages, avec* 138 *figures originales.* . **20** fr. **net**

Les méthodes graphiques et la radioscopie sont le complément indispensable de l'examen clinique dans l'étude des cardiopathies. Ce sont des méthodes *d'exploration fonctionnelle.*

Dans la première partie du livre sont réunis 75 tracés originaux, chacun d'eux est progressivement déchiffré avec le lecteur, qui apprend ainsi à *identifier* chaque type d'arythmie. Ensuite sont décrites les *épreuves* nécessaires pour préciser leur nature.

La deuxième partie est réservée à l'interprétation des schémas radioscopiques. En regard de chacun d'eux se trouve la photographie des pièces anatomiques auxquelles elles correspondent.

Prof. VIGGO CHRISTIANSEN
Médecin de l'Hôpital Royal de Danemark.
Correspondant de la Société de Neurologie.

Les Tumeurs du Cerveau

Préface du professeur Pierre MARIE

1 *vol. de* 353 *pages avec* 100 *figures.* . . . . **25** fr. **net**

Nous ne possédions jusqu'à ce jour en France aucun livre récent sur les Tumeurs cérébrales qui puisse donner de cette question de pathologie nerveuse une idée nette et exacte. On trouvera dans cet ouvrage la question du diagnostic précoce et celle de la justification d'une intervention chirurgicale.

P. NOBÉCOURT
Professeur agrégé à la Faculté de Médecine de Paris.
Médecin des Hôpitaux.

Conférences pratiques
sur l'alimentation
des Nourrissons

1 volume de 318 pages. — 3ᵉ édition remaniée. . . . **18 fr. net**

DANS cet ouvrage, le Dʳ Nobécourt a résumé quelques-unes de ses conférences à la Clinique des Enfants Malades. On y trouvera exposé d'une façon simple et précise toutes les notions qu'un médecin doit posséder s'il veut diriger judicieusement l'élevage de ses nourrissons.

Les précédentes éditions de ce livre n'ont pas seulement eu la faveur des étudiants français, mais aussi celle des étrangers qui en ont fait plusieurs traductions.

Mlle CHAPTAL
Directrice de la Maison-école des infirmières privées.

Le Livre
de l'Infirmière

Traduction de l'ôuvrage anglais de Miss OXFORD
2ᵉ édition corrigée et très augmentée.

1 volume de 348 pages. . . . . **10 fr. net**

CONÇU pour l'usage des Écoles d'Infirmières, assez clair pour être mis aux mains des débutantes, ce livre contient l'essentiel de ce que doit savoir et retenir une praticienne du soin des malades au long de sa vie professionnelle (*maladies sociales, hygiène sociale, études des lois d'assistance récentes*).

H. F. OSBORN

L'origine et l'évolution

de la vie

Edition française avec préface et notes

par Félix SARTIAUX

I *volume de* 304 *pages avec* 126 *figures*. . . . . . **25 fr. net**

L'AUTEUR, H.-F. Osborn, a tourné d'une façon convergente les sciences les plus diverses sur le problème des origines et l'a éclairé ainsi d'une lumière nouvelle.

Il possède à la fois les connaissances particulières et ce goût des idées générales nécessaire à un tel travail : géologue, paléontologiste et biologiste, c'est l'un des maîtres les plus éminents et les plus populaires des États-Unis d'Amérique.

Maurice ARTHUS

Professeur de Physiologie à l'Université de Lausanne.

Précis de

Physiologie Microbienne

I *volume de* 408 *pages DE LA COLLECTION DE PRÉCIS MÉDICAUX. Broché*. . . **17 fr.** *Cartonné*. . . **19 fr.**

LES ouvrages de Physiologie du professeur Arthus ont toujours obtenu un succès complet dans le monde des Étudiants et ont nécessité de nombreuses rééditions. Ce précis de Physiologie Microbienne a été écrit spécialement pour eux afin qu'ils aient sous la main un manuel moins technique, moins chargé d'érudition et de théories, plus expérimental en un mot que la plupart des ouvrages de biologie et de microbiologie analogues.

L. BARD
Professeur de clinique médicale à l'Université.

Examens de Laboratoire
employés en Clinique

4ᵉ *édition*. 1 *vol. in-8 de 83o pages avec* 162 *figures. Broché.* **32** fr. net
Cartonné. **35** fr. net

A. RICHAUD
Professeur agrégé à la Faculté de Médecine de Paris.
Docteur ès sciences.

Thérapeutique et Pharmacologie

5ᵉ *édition*. 1 *vol. de* 1016 *pages, broché.* **27** fr. net; *cartonné.* **30** fr. net

J. COURMONT
Professeur d'hygiène à la Faculté de Médecine de Lyon.

Précis d'Hygiène =

2ᵉ *édition*,
revue par Paul COURMONT, *professeur d'hygiène à la Faculté de Lyon,*
et A. ROCHAIX, *chargé de cours,*
chef des travaux à la Faculté de Médecine de Lyon.

1 *vol. de* 88o *pages avec* 227 *figures. Broché* **32** fr. net. *Cartonné* **35** fr. net

NOBÉCOURT
Professeur à la Faculté de Médecine de Paris.

Médecine des Enfants =
4ᵉ *édition*
1 *vol. de* 1024 *pages avec figures. Broché.* **30** fr. net   *Cart.* **34** fr. net

V. MORAX

Ophtalmologie =

3ᵉ *édition*. 1 *vol. avec* 45o *figures et* 4 *planches en couleurs.*
Broché. . . . **34** fr. net;   *cartonné*. . . . . **37** fr. net

M. NICOLLE
de l'Institut Pasteur de Paris.

Les Antigènes et les Anticorps

Caractères généraux
Applications diagnostiques et thérapeutiques

1 vol. in-8 de 116 pages. . . . . 4 fr. 50 net

---

A. PRENANT
Professeur
à la Faculté de Paris.

L. MAILLARD
Chef des trav. de Chim. biol.
à la Faculté de Paris.

P. BOUIN
Professeur agrégé
à la Faculté de Nancy.

Traité d'Histologie

Tome I. — *CYTOLOGIE GÉNÉRALE ET SPÉCIALE.* (**Épuisé**).

Tome II. — *HISTOLOGIE ET ANATOMIE.* 1 vol. gr. in-8 de
1210 *pages avec* 572 *fig. dont* 31 *en couleurs* . . . . . . **55** fr. net

---

Maurice **ARTHUS**
Professeur de Physiologie à l'Université de Lausanne.

De l'Anaphylaxie

à l'Immunité

Anaphylaxie — Protéotoxies — Envenimations
Anaphylaxie-Immunité — Sérums antivenimeux

1 vol. de 361 pages. . . . . 20 fr. **net.**

A. LAVERAN
Professeur à l'Institut Pasteur, Membre de l'Institut.

Leishmanioses

Kala-Azar, Bouton d'Orient, Leishmaniose Américaine

1 *vol. in-8 de 515 pages, 40 figures, 6 planches hors texte en noir et en couleurs* . . . . **16 fr. 50** net

---

A. LAVERAN
Membre de l'Institut.

F. MESNIL
Professeur à l'Institut Pasteur.

Trypanosomes et Trypanosomiases

2ᵉ *édition*, 1 *vol. gr. in-8 de* 1008 *pages avec* 198 *figures.* **27 fr. 50** net

---

R. SABOURAUD
Directeur du Laboratoire Municipal à l'Hôpital Saint-Louis.

Maladies du Cuir Chevelu

Tome I. — *Maladies séborrhéiques*, 1 *vol. gr. in-8* . . . . **15 fr.** net
Tome II. — *Maladies desquamatives.* 1 *vol. gr. in-8* . . . *(épuisé).*
Tome III. — *Maladies cryptogamiques.* 1 *vol. gr. in-8.* . *(épuisé).*

La Pratique Dermatologique

PUBLIÉ SOUS
la Direction de MM. Ernest BESNIER, L. BROCQ et L. JACQUET

4 *vol., reliés toile.* . . **200 fr.** — *Chaque tome séparément.* **50 fr.** net

---

(40)

MASSON ET C⁰ˢ, ÉDITEURS

P. POIRIER — A. CHARPY

Traité
d'Anatomie Humaine

NOUVELLE ÉDITION, ENTIÈREMENT REFONDUE PAR

A. CHARPY *et* **A. NICOLAS**
Professeur d'Anatomie à la Faculté Professeur d'Anatomie à la Faculté
de Médecine de Toulouse. de Médecine de Paris.

O. AMOEDO, ARGAUD, A. BRANCA, R. COLLIN, B. CUNÉO, G. DELAMARE,
Paul DELBET, DIEULAFE, A. DRUAULT, P. FREDET, GLANTENAY,
A. GOSSET, M. GUIBÉ, P. JACQUES, Th. JONNESCO, E. LAGUESSE,
L. MANOUVRIER, P. NOBÉCOURT, O. PASTEAU, M. PICOU, A. PRENANT,
H. RIEFFEL, ROUVIÈRE, Ch. SIMON, A. SOULIÉ, B. de VRIESE,
WEBER.

Tome I. — **Introduction. Notions d'embryologie. Ostéologie.
Arthrologie**, 825 *figures* (3ᵉ *édition*) . . . . *Épuisé.*

Tome II. — Iᵉʳ Fasc. : **Myologie. — Embryologie. Histologie
Peauciers et aponévroses**, 351 *figures* (3ᵉ *édition*) **17** fr. net

2ᵉ Fasc.: **Angéiologie** (Cœur et Artères), 248 *fig.* (3ᵒ *éd.*) **15** fr. net

3ᵉ Fasc.: **Angéiologie** (Capillaires, Veines), (3ᵉ *éd.*). **22** fr. net

4ᵉ Fasc. : **Les Lymphatiques**, 126 *figures* (2ᵉ *édition*) *Épuisé.*

Tome III. — Iᵉʳ et 2ᵉ Fasc. : **Système nerveux** (Méninges. Moelle.
Encéphale), 470 figures (3ᵉ *édition*) . . . . **75** fr. net

3ᵉ Fasc.: **Système nerveux** (Nerfs. Nerfs craniens et rachidiens),
228 *figures* (3ᵉ *édition*) . . . . (*en préparation*).

Tome IV. — Iᵉʳ Fasc. : **Tube digestif**, 213 *fig.* (3ᵉ *édit.*). **15** fr. net

2ᵉ Fasc. : **Appareil respiratoire**, 121 *figures* (2ᵉ *édit.*) *Épuisé.*

3ᵒ Fasc.: **Annexes du tube digestif. Péritoine**, 462 figures
(3ᵉ *édition*). . . . . **22** fr. net

Tome V. — Iᵉʳ Fasc. : **Organes génito-urinaires**, 431 *figures*
(3ᵉ *édition*). (*en préparation*).

2ᵉ Fasc. : **Organes des sens** (3ᵉ *édition*). . . . . . **32** fr. net

(41)